ホテイアツモリソウ *Cypripedium macranthos* var. *macranthos* ／船迫吉江・画

ランの王国

高橋英樹 ❖ 編著

北海道大学出版会

扉：
礼文島西海岸の礼文滝上から見る利尻山（©高橋英樹）。2002年6月4日
扉裏：
上：レブンアツモリソウ（©高橋英樹，第10章参照）
中左：地中ラン（©Dixon，第2章参照）
中右：コケイラン（©杉浦直人，第6章参照）
下左：キエビネ（©杉浦直人，第6章参照）
下右：カクチョウラン（©杉浦直人，第6章参照）

虫を騙す花に　あなたも騙されてみませんか

　ラン科はキク科，マメ科と並ぶ世界三大植物科のひとつで，およそ2万の種数を誇る。園芸植物として世界中の人々に愛され，その華麗な花の形・色・香りは人々を魅了してやまない。そしてその植物らしからぬ生きざまは，食虫植物とともにダーウィンをはじめとする多くの植物学者の興味を引いてきた。花と花粉媒介者との密接な関係，菌類とのパートナーシップなど，生物どうしが互いに絡み合う競争と共生の世界がそこにある。ランの多様性を明らかにすることは地球上の生物多様性を理解することに，その生きざまを明らかにすることは地球生態系の生物間相互作用を理解することに通じる。

　本書においては，世界のラン科の多様性理解のため，南半球西オーストラリアのラン多様性とその繁殖戦略について現地の研究者に熱く語ってもらった。まさに世界のランの一大ホットスポットといってよいだろう。次に中国南西部の黄龍渓谷のラン多様性について，当地の保全活動に関わってきた研究者が詳述する。アツモリソウ数種の花の競演はまことにみごとで，さすが植物多様性の本場中国である。そして極限の地，千島列島にいたってもラン科植物はしぶとく生き抜いている。

　ランの進化は適応進化シンドロームとみることができる。栄養をもたない多数の微粉種子，花粉粒どうしが合着した花粉塊，特化した唇弁をもつ左右相称花，これらは共演する花粉媒介昆虫や菌根菌との緊密な関係から導き出された適応形質で，互いに連関する複数問題の「解」でもある。このみごとなランの適応進化の実態が紹介される。

　そして受粉者を誘惑し騙す華麗・優美なランの花には，人間も誘惑されることとなった。ラン科植物の多くが盗掘・乱獲され，また自生環境の破壊によりレッドデータ種となり，絶滅の危機に瀕している。自然保護区の設定と維持，種保存のためのランの育成管理・栽培増殖技術の開発など人間が野生ランのためになすべきことは多い。これら日本での保護増殖事業の一端についても述べる。

　本書は2016年にリニューアル・オープンした北大総合博物館の夏の企画展示として催された「ランの王国」の展示図録という形をとっているが，内容はラン科全体を理解するためのよい植物学入門書となっている。さあ，本書をすでに手にとったあなたもランの花に騙されて本書を読み進めてみませんか？

　　2016年6月27日

北海道大学総合博物館　館長

中川　光弘

エビネ *Calanthe discolor* / 船迫吉江・画

●目次　　　　　虫を騙す花に　あなたも騙されてみませんか / 中川光弘　　　i

第Ⅰ部　ランの多様性　1

第1章　ラン科の多様性と分類システム / 高橋英樹　　3
　ラン科の特徴　3
　分布・生育地　4
　分類システム　5
　有用性　9
　引用文献　10

第2章　西オーストラリア州のラン多様性―ランのホットスポット― / キングス
　　　　レイ・ディクソン，アンドリュー・ブラウン / 高橋英樹訳　　11
　生育地　11
　個体数　11
　開花　14
　大きさ　14
　着生種と地生種　14
　受粉と繁殖　14
　野火　20
　栽培　21
　参考文献　21

第3章　ランの楽園　中国四川省の黄龍渓谷 / イボ・ルオ，リ・ドン，ホルガー・
　　　　ペルナー / 高橋英樹訳　　23
　黄龍における植物調査　28
　黄龍渓谷のラン多様性　31
　ランの生育地の特徴　34
　黄龍渓谷のランの花暦　36

第4章　千島列島のラン / 高橋英樹　　41
　全体像　41
　分布パターン　41
　思い出の種　44
　引用文献　48

第Ⅱ部　ランの適応戦略　49

第5章　ランの適応進化シンドローム / 高橋英樹　　51
　引用文献　53

第6章　ランの花の多様なかたち―"虫のまなざし"が創り出した最高傑作―
　　　　/ 杉浦直人　　55
　呼び寄せたいのは？―花粉媒介者の種類　55
　呼び寄せるには？―花色と花香の役割　58
　呼び寄せたなら！―報酬と花形の役割　59

だますためには？─ニセ信号の役割　62

おわりに　68

引用文献　69

第7章　レブンアツモリソウの花生物学 / 杉浦直人　73

花粉媒介者　74

だまし受粉と花形態の機能　76

招かざる訪花者　79

稔実率と稔性種子率　81

おわりに　83

引用文献　84

第8章　菌なしでは生きられない植物・ラン / 遊川知久　85

ユニークなランと菌の共生　85

ラン型菌共生─始まりの物語　87

進化とともに共生菌が多様化する─シュンラン属　89

菌に寄生するランは変わった菌と共生する　94

ランの成長とともに共生菌が変わる　98

引用文献　98

第Ⅲ部　ランの保全とその取り組み　99

第9章　日本のラン保全活動 / 高橋英樹　101

引用文献　104

第10章　レブンアツモリソウの保全活動 / 高橋英樹　105

種の保存法と保護増殖事業計画　105

保護増殖事業計画の課題　108

引用文献　108

第11章　北大植物園ラン科コレクションの過去・現在・未来 / 永谷　工　109

温室における洋ラン栽培の歴史　109

地生ラン栽培の歴史　114

北大植物園のランの未来　118

参考文献　118

事項索引　119
和名索引　121
学名索引　123

第 I 部
ランの多様性

アオチドリ *Dactylorhiza viridis*/ 船迫吉江・画

第Ⅰ部扉：デンドロビウム *Dendrobium* 'Peace'/ 杉村果保・画

第1章　ラン科の多様性と分類システム

高橋英樹

　ラン科 Orchidaceae の属・種数についてはさまざまな意見がある。たとえばこの50年ほどの見解を発表年順に並べてみても600〜700属 20,000種(Melchior, 1964),735属 17,000種(Willis, 1973), 750属 18,000種(Heywood, 1978), 1,000属まで 15,000〜20,000種(Cronquist, 1981), 750〜800属 19,500種かそれ以上(Takhtajan, 1997), 788属 19,500種(Judd et al., 2008), 779属 22,500種(Mabberley, 2008)などとなる。数値は全体として似たような範囲に収まってきているので，ここではラン科全体でおよそ800属 20,000種としておこう。キク科 Asteraceae(約1,600属 24,000種)，マメ科 Fabaceae(約720属 20,000種)とともに被子植物3大科のひとつであることには異論がない。

　ラン科は「植物進化の頂点」とか「最も進化した植物群のひとつ」，「単子葉植物では最も進化したもの」などといわれる。形態的・生態的に見事な適応進化をとげた植物群であり，現在の地球生態系では多数の種を生み出した植物の「勝ち組」といえるかもしれない。

　まず科をまとめている特徴からみていこう。

ラン科の特徴

　橋本ほか(1996)や Judd et al.(2008)を参考にするとラン科の特徴は以下のようにまとめられる。

　地生ないし着生し，ときにつる性になる多年生草本。種子が小型であることもあり，年内に花までつけられるような生長をすることができず，一年生草本はないとされる。地下部の貯蔵器官が発達し根茎[1]，球茎[2]，偽鱗茎[3]や塊根[4]などをもつものや，茎の基部がしばしば肥厚し偽球茎[5]を形成するものがある。茎は柔らかいか，あるいはやや木質となる。根は菌根[6]となり，死んだ細胞から構成されるスポンジ状で水を含んだ表皮をもつ。葉は根際につく根生あるいは茎生となりときに退化するが，通常は互生で茎に螺旋状につくか2列生となり，しばしば扇状に畳まれる。単葉で全縁，通常平行脈で基部は鞘状，托葉はない。

　花は頂生あるいは腋生の円錐花序[7]や総状花序[8]，穂状花序[9]などの無限花序[10]をつくるが，ときに1花にまで減数する。花は通常両性で雄蕊と雌蕊を1花内にもち，左右相称，通常転倒(発生過程で子房が180°捩れる)するため，開

---

[1] 根茎(rhizome)：地表面から下にある茎(地下茎)のうち，球茎，塊茎，鱗茎などの特殊茎以外のもの。「地下茎」は一見，根のようにみえるが鱗片葉や普通葉といった葉をつけ，それらの脱落後には葉痕を残すため根と区別できる。

[2] 球茎(corm)：地下茎の複数の節および節間が肥大し球形になったもの。

[3] 偽鱗茎(pseudobulb)：地上茎や花茎の一部が肥大して貯蔵器官となり，鱗茎(bulb)のようにみえる器官。「鱗茎」そのものは，地下茎の中軸に肉質の鱗片葉が多数密生して球形を呈するもの。

[4] 塊根(root tuber)：地中にある根のうち，肥大して養分や水を貯える器官となった貯蔵根の1種。このうち不定形に肥大した根をいう。

[5] 偽球茎(pseudocorm)：地上茎や花茎の一部が肥大して貯蔵器官となり，球茎のようにみえる器官。「球茎」は2)を参照。

[6] 菌根(mycorrhiza)：糸状菌の菌糸が組織内に入り込んで植物と共生生活を営むような根のこと。

[7] 円錐花序(panicle)：複合花序の1種で，枝の分枝回数や長さは問わないが，下方の枝が上方の枝よりも長く，花序全体として円錐形になるもの。

[8] 総状花序(raceme)：無限花序の1種で，有柄の花が多数，花序軸にほぼ均等につき，花柄の長さはほぼ等しいもの。「無限花序」は10)を参照。

[9] 穂状花序(spike)：無限花序の1種で，無柄の花が多数，花序軸にほぼ均等につくもの。「無限花序」は10)を参照。

[10] 無限花序(indeterminate inflorescence)：花が下から上に向かって咲き進み，最後に最上の花が咲くような花序。

花時に花を正面からみたときの下部は発生初期には上部(向軸側)に位置していたもの。萼片は3枚で基部は瓦重ね状で離生あるいは合着し,通常は花弁様となる。花弁は3枚,離生,ときに斑点がありさまざまな色合いになる。正面からみた花の中央下部に位置する1枚の花弁を唇弁(lip:labellum)といい,他の2枚の側花弁とは明らかに分化し,しばしば多肉質の隆起や条をもち,特別の形やさまざまな色合いとなる。本来外輪3個,内輪3個あった雄蕊のうち唇弁側の3個(外輪2個,内輪1個)は消失し,残りの3個のうち通常1~2個が雄蕊となり,他は1~2個の仮雄蕊(staminode)[11]に変形する。雄蕊と雌蕊は合着し,全体として蕊柱(column)[12]を形成する。蕊柱は,単子葉類のなかではラン科以外ではみられない。

花粉粒は通常集まって柔らかい粘着質(花粉粒が粘液中に混じる)となるか,ばらばらに壊れやすい粉質か硬くてなかなかつぶれない蝋質の花粉塊(pollinia)を2~8個つくる。花粉塊には花粉塊柄がありその末端に粘着質の粘着体(viscidium)があり,花粉媒介昆虫の体にくっつき受粉を助ける。子房は下位[13]で3心皮[14]が合着,通常は側膜胎座[15]だがときに中軸胎座[16]で胚珠[17]は多数。蕊柱の上部前方に突出した部分(小嘴体rostellum)があり,葯と花粉受容性のある柱頭部分を区画し自花受粉を防いでいる。花粉を受容する柱頭は蕊柱の腹部にあることが多く,小嘴体の下に位置する。熟した果実は多くの場合乾燥した蒴果[18]で(1~)3ないし6個の

縦のスリットで裂開し,数万~数百万個の0.1~0.5mm程度の小さな微粉種子を含み,種皮は外皮状あるいは膜状で外層のみ残り,内側の組織は壊れる。胚[19]は退化して子葉部分がなく,胚乳[20]もない。種子発芽には特定の菌の存在が必要とされる。

ラン科の特徴的形態を少ない言葉で言い表せば,①雄蕊が減数し,②雄蕊と雌蕊が多少とも合着して蕊柱をつくるあるいはその傾向があるもの,となる(橋本・神田,1981)。

分布・生育地

世界中に広く分布し,シベリアのレナ川(北緯72°)(図1)から南米チリ南端のホーン岬(南緯56°)にわたって自生地が知られる。生育環境もさまざまで,乾燥しきった砂漠や最寒冷の高山山岳頂上などの極端な環境を除けば,海岸の砂丘や岩崖から高山草原に生えるものまである。地表に生えるものは地生ランと呼ばれ,稀に地中だけで生活する地中生ランがある。また熱帯地域の特に山地雲霧林ではしばしば樹木上などに着生する着生ランとなる。これら着生種はラン科全体の73%を占め,熱帯地域のラン科が最も種多様性が高いといわれる要因となっている。一方,植物体からクロロフィルをなくし光合成をおこなわなくなった無葉緑腐生植物となるものもあり,腐生ランと呼ばれる。

アツモリソウやクマガイソウなどを含むアツモリソウ属 *Cypripedium* はラン科の花の典型のように思われているが,以下で述べるように

---

[11] 仮雄蕊(staminode):多少とも雄蕊の形を残しながらも,花粉を産生しなくなった退化した雄蕊。

[12] 蕊柱(column):雄蕊と雌蕊とが合着した特殊な構造体。

[13] 子房下位(inferior ovary):萼片,花弁,雄蕊の付着点が子房(胚珠が入っている部分)の上部にある場合の子房の位置のこと。

[14] 心皮(carpel):胚珠をつける花葉(花を構成する葉的器官の総称)のこと。雌しべの構成単位。「胚珠」は17)を参照。

[15] 側膜胎座(parietal placentation):1室からなる子房室中の胚珠が,子房を構成する複数の心皮の縁辺近くにつく場合。

[16] 中軸胎座(axile placentation):複数室からなる子房室中の胚珠が,子房を構成する複数の心皮の縁辺が内側に巻き込んでつくられた中軸につく場合。

[17] 胚珠(ovule):受精により内部に胚を形成し,成熟して種子となる器官。

[18] 蒴果(capsule):複数の心皮,複数の種子からなり,果皮が比較的薄く乾燥している果実。

[19] 胚(embryo):受精卵からある程度発達した若い胞子体で,種子のなかにつくられる。

[20] 胚乳(albumen):種子のなかにあり,養分を貯蔵し,胚を取り囲んで,発芽時に胚に養分を供給する組織群。
　注の説明は,清水(2001)を参考にした。

意外にもラン科のなかではより初期に分岐した異色のグループ(アツモリソウ亜科)に含まれる。前川(1969)は彼独自の「古赤道分布説」のなかで，古く熱帯圏に分布していた種類が赤道の移動により北方に追いやられ，寒冷な気候条件に適応して北半球一帯に広がったものがアツモリソウ属だと説明している。アツモリソウ属は北半球温帯に広く分布するが，同じ亜科の別の4属(*Mexipedium, Paphiopedilum, Phragmipedium, Selenipedium*)は熱帯アジアや熱帯アメリカに分布する熱帯系の属である。

分類システム

従来はラン科ただ1科のみ，あるいは少数の近縁科とともにラン目 Orchidales(または Microspermae)に入れられることが多かった(Melchior, 1964; Cronquist, 1981; Takhtajan, 1997)。しかし現在は DNA 系統学の成果に基づきアヤメ科 Iridaceae，ヒガンバナ科 Amaryllidaceae，ネギ科 Alliaceae などとともに，キジカクシ目

図1 東シベリアレナ川河口近くチクシに生えるチシマサカネラン *Corallorhiza trifida* 1992年7月16日

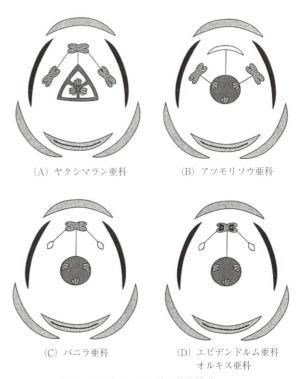

図3 5亜科における花の基本構造 (Judd et al., 2008 を改変)

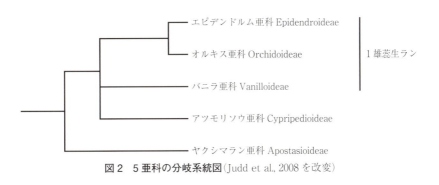

図2 5亜科の分岐系統図 (Judd et al., 2008 を改変)

Asparagales に入れられる(Judd et al., 2008; Angiosperm Phylogeny Group, 2009, 大場, 2009)。

現在ラン科が所属しているキジカクシ目は，DNA 分岐図をみても単子葉類のなかの特に枝先で分岐しているわけではない。単子葉類では，基部のオモダカ目 Alismatales などいくつかの目が分岐し，次にユリ目 Liliales が分岐した後で枝分かれしたのがキジカクシ目であり，ヤシ目 Arecales，イネ目 Poales，ショウガ目 Zingiberales などを含むツユクサ群 Commelinids の姉妹群となっている (Angiosperm Phylogeny Group, 2009)。

ラン科自体をいくつかの科に細分する考えもあった(Dahlgren et al., 1985)が，現在では形態形質と DNA 分岐図によりラン科の単系統性は支持されており，ラン科1科を認め科内をさらにいくつかの亜科に分けることが多い(Cameron et al., 1999; Cameron, 2006; Judd et al., 2008)。従来はラン科をヤクシマラン亜科，アツモリソウ亜科，ラン亜科の3亜科(Cronquist, 1981；里見, 1982；橋本ほか, 1996)に分ける考えがしばしば採用されていたが，最近は以下の5亜科(Takhtajan, 1997; Cameron, 2006; Judd et al., 2008)に分けられることが多い(図2, 3)。

(1) ヤクシマラン亜科 Apostasioideae (2属15種)が他の残りの群の姉妹群となっている。この中に入る2属のヤクシマラン属 *Apostasia* とネウウィエディア属 *Neuwiedia* では花がほぼ

図4　アツモリソウ亜科の2属　A：*Paphiopedilum*，B：*Cypripedium*

放射相称,萼片・花弁がほぼ同形の傾向,花柱にわずかに合着する2個(ヤクシマラン属)あるいは3個(ネウウィエディア属)の雄蕊,中軸胎座,花粉は単粒で粘着性がないといった多くの祖先的な形質を保有している。

(2)アツモリソウ亜科 Cypripedioideae(4属120種)(図4)は,袋状の唇弁とは反対側に位置する1個の外輪雄蕊が庇状の仮雄蕊に変形していることで,明らかな単系統群として支持される。ここでは唇弁とは反対側に位置する2個の内輪雄蕊が機能しており,花粉塊は形成せず粘液中に花粉粒が含まれている。

(3)バニラ亜科 Vanilloideae は外輪のたった1個の機能的な雄蕊(唇弁と反対側に位置)しかもたない(1雄蕊生のラン)が,アツモリソウ亜科と同様に花粉塊をもたない点で特徴づけられる。多くのバニラ亜科はつる性で網状脈の葉をもち,子房はときに3室となる。

以上を除いたすべてのラン科植物は花粉塊を持ち,雄蕊の花糸と花柱は完全に合着している。花粉塊を形成する系統群はただ1個の機能的な雄蕊をもつ(1雄蕊生のラン:2個の側生の雄蕊(唇弁とは反対側に位置する内輪の2個)は細い仮雄蕊になるかまったく欠落する)。形態解析といくつかの分子系統解析は,バニラ亜科を除く1雄蕊生ランが単系統群であることを支持する。

花粉塊をもつ1雄蕊生のランのなかでは,以

図5　エピデンドルム亜科(A:*Dendrobium phalenopsis*)とオルキス亜科(B:*Dactylorhiza aristata*)

下のふたつの亜科(図5)が認識されている。

(4) エピデンドルム亜科 Epidendroideae は派生形質として，とさか状で内折れの葯(蕊柱の先端の上に折れ曲がる葯)をもち，セッコク属 *Dendrobium*，オンキデイゥム属 *Oncidium*，ヒスイラン属 *Vanda* など多数の熱帯性着生ランが含まれる。

(5) オルキス亜科 Orchidoideae は鋭頭の葯の先をもち，柔らかい茎，葉が片巻き状で扇畳み状でないといった派生形質で特徴づけられ，ミズトンボ属 *Habenaria*，ハクサンチドリ属 *Orchis*，ツレサギソウ属 *Platanthera* などを含んでいる。

Judd et al.(2008)を参考にして，ラン科における大属の主なものを挙げると，プレウロタリス属 *Pleurothallis* は世界全体で1,120種を含み，マメヅタラン属 *Bulbophyllum* 1,000種，セッコク属900種，エピデンドルム属 *Epidendrum* 800種，ミズトンボ属600種，オサラン属 *Eria* 500種と，のきなみ熱帯・亜熱帯性の属が目立つ。このうち日本で7種記録(里見，1982)されているミズトンボ属は亜寒帯にまで分布を広げている大属で，その系統進化は興味がもたれる。さらに日本でみられる属としては，

図6　「世界らん展」における東洋ランコレクション　2015年2月21日，東京ドームにて。

クモキリソウ属 *Liparis*（世界全体で 350 種）やエビネ属 *Calanthe*（同様に 150 種）などが世界の大属である。

有用性

有用植物として有名なバニラ *Vanilla planifolia* の細長い円筒形の蒴果からは，甘い香りのバニラフレーバーが抽出される。セッコク属のいくつかの種やオニノヤガラ *Gastrodia elata* などは生薬として利用される。

さらに多数の種類は観賞用に栽培され，約 800 の人工交雑属と約 8 万の園芸品種が記録されている。日本でも古来よりラン園芸文化が盛んである。セッコク *Dendrobium moniliforme* は日本に分布するセッコク属の着生ランの 1 種で，江戸時代から山草として栽培される他，葉や茎の色変わりを愛でて鑑賞され，今日でも 100 品種以上が栽培されているという。この他にシュンラン *Cymbidium goeringii* やカンラン *Cymbidium kanran* などを含む種類は「東洋ラン」（図 6）として栽培され，いわゆる侘び・寂びの世界に通じる。また現代では「洋ラン」の栽培も盛んで，カトレア *Cattleya*，デンドロビウム *Dendrobium*，ファレノプシス

図 7 「世界らん展」の展示風景　2015 年 2 月 21 日，東京ドームにて。

Phalenopsis，シンビジウム *Cymbidium* などの多くの園芸種・品種が出回り結婚式の花束に使われ，切り花市場も大きなものとなっている。これらはもともと熱帯起源のランで，イギリスなどが海外に進出して各地に植民地を広げるなかで，18世紀の中頃から盛んにヨーロッパに導入され，富豪の間で競って栽培され，交雑による品種改良がおこなわれてきた。このような洋ランを中心としたラン展は日本でも多くの入場者を呼び込み，植物展示会のなかの優等生である。毎年2月に東京ドームで開催される「世界らん展」(図7)は，20万人以上の来場者を集める大規模な国際蘭展である。

引用文献

Angiosperm Phylogeny Group. 2009. An update of the Angiosperm Phylogeny Group classification for the orders and families of flowering plants: APG III. Bot. J. Linn. Soc., 161: 105-121.

Cameron, K. M. 2006. A comparison and combination of plastid *atp*B and *rbc*L gene sequences for inferring phylogenetic relationships within Orchidaceae. *In* Columbus, J. T., Friar, E. A., Porter, J. M., Prince L. M., and Simpson, M. G. (eds.), Monocots: comparative biology and evolution (excluding Poales), pp. 447-464. Rancho Santa Ana Botanic Garden, Claremont.

Cameron, K. M., Chase, M. W., Whitten, M., Kores, P., Jarrell, D., Albert, V., Yukawa, T., Hills, H. and Goldman, D. 1999. A phylogenetic analysis of the Orchidaceae: evidence from *rbc*L nucleotide sequences. Amer. J. Bot., 86: 208-224.

Cronquist, A. 1981. An Integrated System of Classification of Flowering Plants. Columbia University Press, New York.

Dahlgren, R. M. T., Clifford, H. T. and Yeo, P. F. 1985. The Families of the Monocotyledons. Springer-Verlag, Berlin.

橋本保・神田淳. 1981. 原色 野生ラン. 家の光協会, 東京.

橋本保・唐澤耕司・井上健(編). 1996. ラン科. 朝日百科植物の世界, 9：129-253. 朝日新聞, 東京.

Heywood, V. H. 1978. Flowering Plants of the World. Oxford University Press, Oxford.

Judd, W. S., Campbell, C. S., Kellogg, E. A., Stevens, P. F. and Donoghue, M. J. 2008. Plant Systematics: a phylogenetic approach (3rd ed). Sinauer Associates, Inc., Sunderland.

Mabberley, D. J. 2008. Mabberley's Plant-Book (3rd ed). Cambridge University Press, Cambridge.

前川文夫. 1969. 植物の進化を探る. 岩波新書, 東京.

Melchior, H. 1964. A. Engler's Syllabus der Phfanzenfamilien. Gebrüder Borntraeger, Berlin.

大場秀章. 2009. 植物分類表. アボック社, 鎌倉.

里見信生. 1982. ラン科. 日本の野生植物草本 I, pp.187-235. 平凡社, 東京.

清水建美. 2001. 図説植物用語事典. 八坂書房, 東京.

Takhatajan, A. 1997. Diversity and Classification of Flowering Plants. Columbia University Press, New York.

Willis, J. C. (rev. by Airy Shaw, H. K.). 1973. A Dictionary of the Flowering Plants and Ferns (8th ed). Cambridge University Press, Cambridge.

第2章 西オーストラリア州のラン多様性
—— ランのホットスポット ——

キングスレイ・ディクソン，アンドリュー・ブラウン / 高橋英樹 訳

西オーストラリア州には400種以上のラン科植物がみられ，地球上で最も豊富な地生ランが揃っており，ラン愛好家やこの不可思議な植物であるランに興味を抱くすべての人々にとって，ここは間違いなくホットスポットである。

オーストラリア南西部温帯域のどこの森林を歩いても，ほんのわずかな時間で多数の種のランをみつけることができる。森林の小さな地域断片にさえ，小さなニラバラン属から大きく目立つカラデニア属 *Caladenia* の「スパイダー・オーキッド」まで，しばしば15種以上の開花真っ盛りのランがみられる。南アフリカから1世紀以上前に渡来した雑草性のランであるディサ・ブラクテアタ *Disa bracteata*（目立つディサ・ウニフロラ *Disa uniflora* とは違い，この雑草性のランはとても小型で鈍い色合いである）まで含めれば，ランを踏みつけずに歩くことさえ難しいほどである。ここでみられるのは世界で最も色鮮やかなランの仲間である。とても繊細な「ブルー・オーキッド」（テリミトラ・クリニタ *Thelymitra crinita*）からたいそう力強い黄色花の「イエローカウスリップ・オーキッド」（カラデニア・フラウァ *Caladenia flava*）まで分布している。西オーストラリア州はまた，驚くべき地中生のランであるリザンテラ・ガルドネリ *Rhizanthella gardneri* が初めて発見された場所でもある。シロアリによって受粉され決して日の光をみることのないこのランは，間違いなく植物世界の大いなる驚異のひとつである。このランは，西オーストラリア州にこのようなすばらしいラン植物相をもたらした進化の歴史に光をあてるものである。

生育地

西オーストラリア州のランの生育地は変化に富んでいる。北部高原地帯のキンバリー地域産のランは熱帯多雨林の小地域集団や湿地，サバンナ，季節的に湿る砂岩地などに生育する。南西部産のランはヒース，湿地，花崗岩露岩地の浅い土壌，塩湖の縁，森や林などに生える。ランはこれら2地域において，ほとんどの乾燥地と塩生地を除いたすべての場所を占有している。

個体数

ランの個体数は種によりさまざまだが，多くの種は多量にそして広い地域に分布している。そしてしばしば多くの異なる植生タイプに現れる。たとえばカラデニア・フラウァは広大な地域のさまざまな立地に生育し，栄養繁殖する性質のためしばしば大量に開花する。このランは沿海地のヒース，森，林，湿地の縁，内陸の花崗岩露出地の浅い土壌などにも同じようによく生育している。一方他の種はずっと稀で，特殊な立地に数十個体と限定される場合もある。カラデニア・ウィリアムシアエ *Caladenia williamsiae* は，南西部パースの東約100 kmにあるブルックトン近くの1自然保護区のみから知られている。ラテライト性土壌の断片地の上部に生育する。プテロスティリス属 *Pterostylis* の1種 'Northampton' は，パースの北約400 kmにあるノーサンプトン北西の残存した低木林の数地域からのみ知られ，低所の窪地や湿潤地の季節的に湿る粘土質土壌に生育している。キヌラン属の1種ゼウキシネ・オブロンガ *Zeuxine oblonga* は，北部キンバリー地域の北

図1 小型のスパイダー・オーキッド *Caladenia* spp.
(©Dixon)

図2 スパイダー・オーキッド *Caladenia* sp. 1 (©Dixon)

図3 スパイダー・オーキッド *Caladenia* sp. 2 (©Dixon)

図4 イエローカウスリップ・オーキッド Caladenia flava の1品種①(©Dixon)

図5 イエローカウスリップ・オーキッド Caladenia flava の1品種②(©Dixon)

図7 湿地を交えたヒースランド(©Dixon)

図6 カマキリ・オーキッド Caladenia falcata(©Dixon)

図8 花崗岩地(©Dixon) ヨーロッパの高山草原に匹敵するような生態学的多様性がある。

東部にあるクヌヌラ東部の1か所からのみ知られており，欝閉した樹冠の森林内の泉に近い低湿土壌に生育している。

開　花

開花は1年を通してみられるが，北部キンバリー地域産の種では夏に，南西部産の種では冬遅くと春に集中してみられる。南西部産のプラエコクサントゥス・アフィルス *Praecoxanthus aphyllus* は3月には早くもみることができる。一方，テリミトラ・フスコルテア *Thelymitra fuscolutea* の花は11月に始まり2月に入ってもみることができる。キンバリー地域で最初に咲くのは，イモラン属の1種エウロフィア・ビカロサ *Eulophia bicallosa* で8月には早くも開花し始める。一番遅いのはユウレイラン *Didymoplexis pallens* で2月に開花が始まり3月まで続く。セッコク属の1種デンドロビウム・ディクフム *Dendrobium dicuphum* のようないくつかの種では，夏に開花せず冬に開花するものもある。

大きさ

草丈や花の大きさはたいへん多様であり，小型のカラデニア・ブリケアナ *Caladenia bryceana* では高さ6cmにしか生長せず，花は直径2cmにすぎない。最も草丈の高いのはプラソフィルム・レギウム *Prasophyllum regium* で，この「リーキ・オーキッド」は高さがゆうに2m以上にもなり，100個以上もの花をつける。西オーストラリア州のランで最大の花をもつものはカラデニア・エクスケルサ *Caladenia excelsa* で高さ1mにまで生長し，長さ25cm，幅15cmの花を3個までもつ。種が違えば花形の違いもたいへん大きい。多くはたいへん魅力的だが，プテロスティリス属 *Pterostylis* やドラカエア属 *Drakaea* のようないくつかのランはたいへん風変わりな花をもつため，これらが本当にランなのかと想像できないほどである。

着生種と地生種

ただ2種の着生種がキンバリー地域にみられるが，西オーストラリア州のランの大多数は多年生草本(落葉性の地生)である。ほとんどの種は休眠期をもち，長い乾期(北部では冬期，南部では夏期)に枯れて，多肉の地下貯蔵器官である塊茎や根茎になって生き残る。これらの種は，北方種では冬遅くや春に，南方種なら秋に再び芽を出す。活発な生長期には新しい1個の貯蔵器官が形成され，古い器官は枯れる。2種の常緑の着生種においては，植物体に栄養分や水分の貯蔵物を供給するため前年に形成された偽鱗茎ないし茎部分を維持しながら，毎年1個かそれ以上の新たな偽鱗茎ないし茎部分を形成している。

受粉と繁殖

ネルウィリア・ホロキラ *Nervilia holochila* やプテロスティリス・ロゲルシイ *Pterostylis rogersii* などでは毎年2個以上の塊茎を形成することで(無性的に)栄養繁殖できる。シュンラ

図9　グリーンフード・オーキッド *Pterostylis* sp.
(ⒸDixon)

ン属の1種キムビディウム・カナリキュラトゥム *Cymbidium canaliculatum* は，毎年2個以上の偽鱗茎を形成することで繁殖できる。しかしほとんどの種はカロキルス・カエシウス *Calochilus caesius* やエリオキルス・ディラタトゥス *Eriochilus dilatatus* のように，栄養繁殖するのは稀である。個体数を増やす方法としては，種子散布に頼らざるをえない。種子散布への依存は必然的に昆虫により積極的に受粉される花を必要とする。さもなければ稀な例として自家受粉やアポミクシス（受精や減数分裂をともなわずに生殖がおこなわれる場合の総称）によることになる。

西オーストラリア州のランは送粉昆虫を誘引するためにさまざまな仕掛けを利用している。ある種類は他の多くの被子植物と同様に，送粉者に食物を提供する。しかし多くの種類は，蜜や花粉さえも提供せずにこの受粉システムの抜け駆けをしようとする。彼らは代りに「みせかけ」や「騙し」にいそしむことになる。菌類（キノコ）に似ている花があったり，あるものは腐肉のような臭いを発する。またユリのように花粉をたくさんもった葯に似せた構造をもっていたりする。またある花は単純に他の花に擬態して，油断しているハチや経験の少ないハチをつかまえようとする。しかしながら騙しの名手といったら，うまく昆虫の雌に似せることで，同じ種の雄のジガバチ類や羽アリを騙すランだろう。これは化学的な誘引物質を放出したり，またときにはみた目を雌に似せたりすることでなされる。雌昆虫への花の擬態は西オーストラリア州南西部において最も多様で洗練された段階にまで達し，進化上の1テーマとなっている。

1900年代にオズワルド・サージェント Oswald Sargent は，クロスズメバチ類によるカラデニア・バルバロッサ *Caladenia barbarossa* の偽交尾受粉をたまたま観察した。エディス・コールマン Edith Coleman による1930年代のオオスズムシラン属における偽交尾現象の発見がこれに続いた。こうして彼らはオーストラリアを類例のない独自の受粉システムがあるところとして有名にした。南西オーストラリア産昆虫のさまざまな種類がランの花を受粉させる。これらには甲虫，キノコバエ，ユスリカ，カ，ハエ，ハチ，ジガバチ類，羽アリなどが含まれる。ランによって利用される最も普通の花粉媒介者はハチであると思われる。ジガバチ類と羽アリではランと送粉者間の最も強い絆をみることができる。

南西部においては花蜜を提供することで，ある範囲の昆虫類を送粉者として誘引するランのグループがいくつかある。大きなふたつのグループとしては，プラソフィルム属 *Prasophyllum* とニラバラン属がある。両方とも甘い花の香りを産生し，またある種では色鮮やかな花をつけることで，花蜜があることを広告している。

プラソフィルム属 *Prasophyllum* のほとんどの種は夏の野火の後に多量に開花し，同じ場所に生えていて燃えてしまった低木の黒い残渣物のなかに直立した黒あるいは緑色の茎を出現させる。この，茎をカムフラージュするようなやり方は，食料をあさる動物から身を隠すために発達したものといわれている。しかし残念なことに，多くの植物体はカンガルーやその他の動物に食べられているので，それほど成功しているようにはみえないのだが。典型的な例としてプラソフィルム属のなかの美しいプラソフィルム・フィムブリア *Prasophyllum fimbria* を挙げることができる。本種は他種と同様にその甘い花の香りにより，鮮やかに色づいた唇弁の基部近くにある花蜜のしずくを広告している。本種や他のプラソフィルム属の種の花は，ハエや甲虫，ハチやジガバチ類などを含む多くの花蜜食の昆虫を誘引している。これらの昆虫の多くが花を受粉させるだろう。

ニラバラン属は，より小さな花ではあるがプラソフィルム属に似ている。これらの種は花崗

岩露岩地上に一時的に現れる湿地やコケ草地と
いった冬期の湿性生育地を好み，しばしば大群
落になり，ときに数千個体にもなる。ニラバラ
ン属の微小な花は，ユスリカ，アリ，小型のハ
チのような小昆虫を誘引するような小容量の花
蜜しか生産しない。興味深いことに，ニラバラ
ン属の多くの種は，昆虫が活動的でない場合に
は自家受粉する。

　同様に花蜜を誘引物として使うランはキルト
スティリス属 Cyrtostylis である。冷涼で湿性
の生育地に出現し，このランが生育するところ
に多い小型送粉者のキノコバエのために花蜜を
提供する。

　ハナバチ類はある種の匂いや色に反応し，通
常は花から花粉と花蜜を捜し求める。実際，西
オーストラリア州産ランの多くは，ハナバチを
誘引するように特別に変形した花をもっている。
カラデニア属 Caladenia のいくつかの優美なラ
ンがこの特殊化の例を示している。唇弁と蕊柱
が結合して開口部のある筒を形成している。そ
れは求められるサイズと形そして力のあるハナ
バチによってのみこじ開けられるのである。

　甲虫やハチといった多くの昆虫は，南西部の
数種のランの特徴である明るい色に誘引される。
普通種のカラデニア・フラウァ C. flava の濃い
黄色とカラデニア・ラティフォリア C. latifo-
lia，カラデニア・レプタンス C. reptans やカ
ラデニア・ナナ C. nana の明るいピンク色は春
には見慣れた光景となっている。これらのラン
は特に夏の野火の後にしばしば大量の集団を誇
示する。これらのランの種間雑種がしばしばみ
られ，美しい色合いをもった花々をつけるので，
昆虫は過度に特異的な種類ではない。

　テリミトラ属 Thelymitra も明るい色の花を
もつ種を含んだ属である。ある種は他の花に擬
態していることが示されており，テリミトラ属
のほとんどの種がもつ豊かな青色，黄色そして
ピンク色の花は送粉昆虫を誘引していることが
知られている。

　ディウリス属 Diuris についての最初の調査
では，複雑で繊細な花が，受粉の観点からどの
ような意味があるのかほとんどわからなかった。
香りも花蜜も提供されていない。しかしながら
野外で観察すると，ラン科であるディウリス属
の花の中心部分(背萼片と唇弁)と，共存して咲
いているマメ科植物のダウィエシア属 Daviesia，
プルテナエア属 Pultenaea，イソトロピス属
Isotropis の花の中心部分とがたいへんよく似て
いることに気がつくだろう。研究によれば，ハ
チは花蜜の豊富な供給源として定期的にマメ科
の花を訪れているが，ときに同様にしてラン科
のディウリス属の花を探索している。そのよう
な訪花が1回あれば花粉塊を持ち去るには十分
であり，二番目のディウリス属の花に訪れるも
う1回の過ちがあれば受粉が成立する。ランが
他種の花を真似ているようにみえるため，これ
はしばしば「花の擬態」と称される。

　1699年にウィリアム・ダンピア William
Dampier がシャーク湾で初めて観察したよう
に，西オーストラリア州には驚くほど多数の青
色花をもつ草本と低木があり，その多くは送粉
者としてハチを誘引している。これらの花々は
ラン科のテリミトラ属 Thelymitra のある種に
よってみごとに擬態されている。たとえば，蜜
腺をもたないテリミトラ・マクロフィラ T.
macrophylla は鮮やかな黄色の蕊柱の突端部を
もつため，ハチはこの部分を野生のユリの，花
粉をもった黄色い葯と間違えているようである。
ハチたちは「バズ・ポリネーション(振動受
粉)」(翅音が聞こえるほどに振動させることで
花の葯から花粉を離脱させることでなしとげら
れる)と呼ばれる特別のやり方でこれらのユリ
から花粉を収集することが知られている。とき
にこれらのハチはテリミトラ属の種の花を，共
存するユリと間違え，偽の葯を振動させようと
してうっかりその花を受粉させてしまう。共存
する野生種の花に擬態している他のテリミトラ
属としては，カレクタシア属 Calectasia(ダシポ

ゴン科)に似ている豪華な花のテリミトラ・アピクラタ Thelymitra apiculata や，青い「モーニング・アイリス」オルトロサントゥス・ラクス Orthrosanthus laxus（アヤメ科）に生き写しのテリミトラ・クリニタ T. crinita がある。

ガストロディア・セサモイデス Gastrodia sesamoides（オニノヤガラ属の１種）は腐生植物であり，そのため炭水化物をつくるために必要な明瞭な光合成色素をもっていない。その代わりに，膨潤した根茎様の塊茎に感染した菌類からすべてのエネルギーと栄養を得ている。初夏の間，その目立たない鐘形の花がオーストラリア南西部低地の多雨林地帯でみられる。花の唇弁には微小な粒状物質が産生され，花のなかに入るハチがそれをかきとる。ハチは，他の植物から集めた本物の花粉とともにこの「偽花粉」を後肢に乗せることが知られている。そうすることで葯から花粉塊をうっかり外してしまったり柱頭に載せてしまったりする。

オーストラリア南西部の山林のじめじめした林床，あるいは湿地の水浸しの縁が，目立たないコリバス属 Corybas の自生地である。キノコバエは，おそらくキノコのような匂いと鈍い紫と茶色の色合いにより，これらのランに誘引されているようである。この組み合わせはランの花をキノコの子実体と知覚させ，キノコバエを訪花するようにうまく騙しているようであり，これによりランは受粉をなしとげている。そして驚くべき変化が起こる。この地表面に接した小さな花がひとたび受粉させられると，茎が伸長して 30 cm 以上にもなり，花を急速に空中に押し上げる。さや状の果実が熟するときに，この伸長した茎が風による効率的な種子分散を助けているのだろう。このことは無風の林床に生育する植物にとっては重要な動機のひとつとなっている。

カラデニア属 Caladenia の多くは花蜜や花粉を産生せず，偽の葯や偽花粉ももたず，他の花への擬態もしていない。しかし，彼らはハエ，甲虫，アブ，ハチ，ジガバチ類といったたいへん広範囲の送粉昆虫を誘引している。このグループのランは，腺毛で覆われた細く伸長した花の部分をもっており，甘いよい香りから不快なものまでのさまざまな匂(臭)いを発することが知られている。後者の臭いはしばしば腐肉のようである。昆虫はこのような匂(臭)いに誘引されているようである。

興味深いことに，ハナグモは，不注意な獲物を狙う罠としてこのカラデニア属の花を利用することに特化している。クモは薬柱上端部で葯にみえるように美しくカムフラージュすることで，花に誘引された昆虫を頻繁に捕らえている。

性的な偽のみせかけにより雄の昆虫を花に誘引することは，しばしば「偽交尾現象」と呼ばれ，南西部のいくつかのランのグループでおこなわれている。花は雌の昆虫とある特徴を共有している。たとえばその色は通常鈍い色調の緑色，黄色，そして栗色であり，いつでもというわけではないが通常は人間にとっては無臭である。しかし，これらすべての花は雄の送粉昆虫を悩殺する強力な化学的疑似餌を産生しているのである。このような「性フェロモン」は無風で温かい日中に活性が高いようであり，特に午前中から午後の早い時間までがそうである。これらのグループに入るランはしばしば小型で，くすんだ背景にたいへんよく溶け込んでしまうことで簡単に見逃されてしまう。多くはまた細い爪状部分で花につく可動性の唇弁をもち，その形は小昆虫に似ている。カラデニア・バルバロッサ Caladenia barbarossa は雌のジガバチ類の大きさ，形，表面模様にぴったりと一致した昆虫様の唇弁をもった，すばらしい仕掛けの一例である。コツチバチ科チンニナエ亜科 Tiphiidae（Thynninae）の非社会性ジガバチ類の雄が風上の花にジグザクに向かい，このおとりを捕らえようとして欲求不満になって離陸する際に，この 蝶 番 状の唇弁がばね仕掛けで雄のジガバチ類を薬柱に向かって投げつける。

カラデニア・バルバロッサと同様に、ドラカエア属 *Drakaea* も性的騙しの達人である。南西部に10種が知られているが、彼らの目立たない無臭の花は極端な特殊化の生きた一例である。それらの花は例外なく細い針金状の茎の先端にただ1個ついており、カラデニア属のような他属でみられる色鮮やかな花の単なる残りかすといったようにまで退化している。ドラカエア属の花の最も大きく最も目立つ部分は唇弁であり、それは驚くべきほど雌のツチバチ類に似ている。受粉は雄のツチバチ類が性的騙しにあうことでなされる。雄はおとりの雌と一緒に飛び出そうとするときに、上下反対になって蕊柱の方に投げ出される。ドラカエア属の種はそれぞれ異なるジガバチ類の種によって受粉させられると考えられている。世界で知られている送粉者と植物の最も特殊化した関係のひとつを、ここオーストラリアにおいて例証してくれる。

さらに性的騙しを利用するグループはパラカレアナ属 *Paracaleana* である。これらのランは、昆虫が蜜を探り始めるとハンマー形の蕊柱が振動して花粉が昆虫の背中に散布される「引き金植物」(スティリディウム属 *Stylidium*) に似た唇弁をもっていることで、もう一歩先に進んでいる。雌のおとりは唇弁でできており、その唇弁は逆向きになった有翼の蕊柱に、伸長したばね状の爪部分で付着している。雌のおとりに接触すると、雄のジガバチと唇弁は、蕊柱の翼状部分でつくられた袋のなかへと勢いよく動く。わなから逃れようとするジガバチはたいへん激しく動き、この一連の動きのなかで雄は花粉塊の受け渡しをすることになる。この花は次に数分間かけて初期の位置にまで戻る。

小型の「エルボー・オーキッド」スピクラエア・キリアタ *Spiculaea ciliata* はランの標準からしても風変わりなものである。本種は秋に出現するが、自生しているコケ草地が長く暑い夏に先立って枯れ上がるまで、花をつけない。こ

図10　エルボー・オーキッド *Spiculaea ciliata*(©Dixon)

のように厳しい条件下でランの基部は枯死するが，その太い肉質の茎に貯えられた水分と栄養分により，花を保持することができ，種子を含むさや状の果実を発達させる。それぞれの植物体は蝶番状の昆虫様唇弁と奇妙な形の蘂柱の翼状部分をもった花を 7 個までつける。雌のおとりに誘引された小さな雄のジガバチがおとりの雌とともに逃げ出そうとすると，蘂柱の翼状部分によりしばらくの間捕まってしまい，かくして花粉の受け渡しをすることになる。

アリによる受粉は世界中のどこにおいても極めて稀なことであり，ニラバラン属の数種で知られているが，雄の羽アリの性的だましによる受粉はレポレラ属 *Leporella* 固有のものである。本属の 1 種は秋に開花することで独特である。しかし，ほとんどの羽アリが 1 年のこの時期に群れをなして移動することを考えれば，この開花期というのも意味をもってくる。これら原始的なアリ(ミルメキア・ウレンス *Myrmecia urens*)はつがいになる女王個体を捜し，新コロニーをスタートさせる。ランの花に近づく際にアリは，雄のツチバチ類が最初に化学的な疑似餌(性フェロモン)により他のランの種類に誘引されるのと似たようなやり方で行動を仕掛ける。しかし雄のツチバチ類とは違って，羽アリは花というよりは植物の茎にまず止まり，そして上部へと上っていき，唇弁を横切って側面に数分間整列し，そしてもぞもぞと動いてツチバチ類がするのと同じように花粉塊を持ち去る。

通常ツチバチ類として知られる大型の色鮮やかなスコリド・ワスプ scoliid wasps(カンプソメリス属 *Campsomeris*)は，カロキルス属 *Calochilus* のランのすばらしく装飾された唇弁に誘引されるようにみえる。ハチは花から発せられるフェロモンによっておびき寄せられると考えられている。つがいになろうとすることで，偶然にもランを受粉させてしまう。興味深いことに，この昆虫類が活発でないときは，これらのランは自家受粉することもできる。

受粉を成功させる方法として偽交尾現象を利用するランのなかで最もよく知られた例は，クリプトスティリス属 *Cryptostylis* だろう。このランによる雄のジガバチ類(リッソピムプラ・エクスケルサ *Lissopimpla excelsa*)の誘引はたいへん説得力があるものなので，実際の交尾が試みられ，精子ポケットがランへ射出される。このランの唇弁は高度に変形され，上下逆向きに保持されており，そのため雄のジガバチも逆さまに止まって交尾しようとすることで花粉塊の授受がおこなわれる。

プテロスティリス *Pterostylis*，ゲノプレシウム *Genoplesium*，テリミトラ *Thelymitra* といった他属のランは，性的騙しによる交配を成功させるための独自の方法を進化させてきた。

プテロスティリス属は，越冬芽が地中で保護されている地中植物のランからなるオーストラリア産の大きな属である。すべての種は，蘂柱を覆うように花弁と萼片が合着してずきん状になっている。パラカレアナ属 *Paracaleana* と同様に，ほとんどのプテロスティリス属にみられる先がしばしば突出する唇弁には接触感受性があり，その上に載ったどんな昆虫でも花の内部へ捕獲するようにばねが上方向に弾けるように動く。花への最も普通の訪問者は通常小さなユスリカやカで，それらは花に性的におびき寄せられる。これら小昆虫類は，のそのそと上方へ移動するしか逃れるすべがなく，すでに花粉を体につけた状態で最初に柱頭を通過し，次に葯を通過してここから新しい花粉の荷を取りさるのである。これらの小昆虫は，花の最上部の空隙を通過するか，あるいは唇弁がリセットされて元の位置に戻るときに，やっと花から抜け出してくる。

リザンテラ・ガルドネリ *Rhizanthella gardneri* は西オーストラリア州産植物の驚異のひとつである。それは発芽，生長，開花，結実のすべてを地中でおこなうのである。最近の研究によりこの注目すべき植物についての新解釈が

図11　地中ラン *Rhizanthella gardneri*(©Dixon)

得られたが，受粉機構のほとんどは未知のままである。開花時には，チューリップ様の頭状花序から花粉塊をつけてシロアリが飛び去るのが観察されている。

　他地域のランと同様に，西オーストラリア州のほとんどのランの種類は(たいへん小型の種子を生産するリザンテラ・ガルドネリのようないくつかの例外はあるが)，数百あるいは数千(ある種では数百万)の，風に散布される微細なほこりのような種子を生産する。ほとんどのラン科の種の種子は特殊化した菌根菌の助けにより発芽し，その結果，開花に十分なサイズに成熟するまでに数年以上はかかる。菌糸が植物体に炭水化物を供給する菌類との共生関係は，すべての西オーストラリア州産ランに存在し，生活史を通じての栄養源として決定的な役割を果たしているようである。

　西オーストラリア州のランは，種子から花をつけるサイズに達するまでに3年以上はかかる。多くの種において実生時期に発達した菌類がさまざまな程度まで栄養分と炭水化物を提供してくれる関係は，ランの一生を通して継続する。西オーストラリア州のランが大量の種子を散布しても，発芽し成熟個体にまで生長するのはごく一部のみである。

　一度成熟段階に達すれば，西オーストラリア州産ランは条件が好適である限り，長年月にわたって生き続けることができる。ラン個体は，毎年1個以上の新しい偽鱗茎，根茎の節あるいは塊茎を形成し，ある場合にはこの方法により年月を経て，植物個体の大きな塊や群落を形成するようになるだろう。

野　火

　野火は，オーストラリア産低木林の生態学にとって不可欠の部分となっている。すべての地生ランを含む地中植物への野火の影響はさまざまであるが，ほとんどの種にとって，休眠期(南西部産種にとっては11月後半～3月まで，

図12　ブルーチャイナ・オーキッド *Cyanicula gemmata*(©Dixon)

北部産種にとっては5〜9月)の山火事は種生態にとって悪影響はない。実際のところ多くの種は，野火の通過の間に発生する植物成熟ガスのエチレンに対して，休眠期の山火事に続く開花や大量開花が起こることで，野火に対しては好ましい反応を示している。西オーストラリア州の植物のおよそ32種は，この時期に野火がなければ稀にしか開花しなくなり，野火が起こらない中間年には，葉のみが現れる。この範疇に入るランとしては，ピロルキス属 *Pyrorchis* の種，キアニクラ属 *Cyanicula*，エリオキルス属 *Eriochilus*，ニラバラン属，カラデニア属 *Caladenia*，ディウリス属 *Diuris*，プラソフィルム属 *Prasophyllum* の多くの種が含まれている。しかし1年の他の時期，特に生長期，開花期，種子散布期での山火事は有害なものとなり，低木林でのランの減少を招く結果になる。

栽　培

　一般的な意見に反して，多くの西オーストラリア州産のランはいくつかの簡単な手順を踏みさえすれば，その生物学的な機序は不明だとしても，容易に栽培できる。

　地生ランはふたつの園芸群に分けることができる。繁殖させるために種子に依存するものと無性的(栄養的)な繁殖が可能なものとである。後者は栽培がより楽で，コリバス属 *Corybas*，シュンラン属，セッコク属，ディウリス属 *Diuris*，プテロスティリス属 *Pterostylis* といったランである。新しい偽鱗茎や茎あるいは娘塊茎を形成することで，栽培によってすぐに増殖する。

　増殖を種子に依存する種は，栽培条件下で繁殖させるのはより難しい。この範疇にはカラデニア属 *Caladenia*，カロキルス属 *Calochilus*，テリミトラ属 *Thelymitra*，エリオキルス属 *Eriochilus* のランが含まれる。しかし，辛抱強さもほとんど必要はなく，これらについてもう

まく育てることができる。

　これにはふたつの方法が使われている。ひとつ目の方法は，実験室を必要とする。種子を無菌の寒天栄養溶液に播種するか，適当な菌根菌が接種された細かくふやかされたオート麦破片を含む寒天培地に播種するかである。後者の方法が最も成功しており，最近は多くの地生ランを生育させるため世界中で用いられている。パースにあるキングス・パーク＆ボタニック・ガーデンでは共生法を使ったラン繁殖がおこなわれ，多くの種を開花状態までうまく繁殖させている。

　ほとんどのアマチュア栽培家は実験室設備を利用することができない。しかし同じ結果を得るための簡便法がある。鉢で育っている野生ラン個体があるなら，適当な菌類が，カラデニア属・エリトランテラ属 *Elythranthera*・キアニクラ属 *Cyanicula* のランならすでに茎に，あるいは他属のランならほとんど根に共生しているはずである。それゆえ茎の基部から数 cm 以内の鉢表面に同一種の種子を播いてやるのが簡単な方法である。その場所こそ茎が感染された種では菌根菌の活動が最も盛んなのである。播種は南西部産種では秋にすべきで，プロトコーム(ラン科種子の胚が発育するときに共生菌の菌糸をエネルギー源にして発育し，球形に肥大したもの)は冬の間に発達し，実生の葉は冬の終わりから早春に現れる。実生は夏までには小さな塊茎を形成する。通常は，最も大きな塊茎のみが4〜6か月の長く乾燥した休眠期間を生き延びる。開花サイズに達するまでには3，4年かかる。オーストラリアのラン・マニアはこの方法で大きな成功を収めている。

参考文献

Brown, A., Dundas, P., Dixon, K. and Hopper, S. 2008. Orchids of Western Australia. University of Western Australia Press, Crawley.

Orchid Diversity in Western Australia
── an orchid hotspot ──

Kingsley Dixon[1] and Andrew Brown[2]

With over 400 species of orchids, and the one of the richest assortments of ground (terrestrial) orchids on earth, Western Australia is certainly a hotspot for orchid lovers and those interested in this extraordinary plant family.

Nowhere else can you walk in any woodland in the temperate southwest of the country and within minutes, even seconds you can locate many species. Small local patches of woodland will often have more than 15 species in full bloom from small *Microtis* species to the large and showy spider orchids (*Caladenia*). It is hard not to step on orchids including even a weedy orchid that arrived over a century ago from South Africa (*Disa bracteata* — unlike the showy *Disa uniflora*, this weedy *Disa* is very small and dull coloured!). These orchids are also some of the world's most colourful orchids — from the finest blue orchid (*Thelymitra crinita*) to the most vibrant yellow species in *Caladenia flava*. Western Australia is also the first place where the extraordinary underground orchid was discovered (*Rhizanthella gardneri*). Pollinated by termites and never seeing the light of day this orchid has to be one of the great marvels of the plant world highlighting the evolutionary processes that give Western Australia such a wonderful orchid flora.

---

[1] Curtin Professor at Kings Park and Botanic Garden, Perth, Western Australia.
[2] Threatened Flora Coordinator at the Western Australian Department of Environment and Conservation. Honorary Curator of the Orchidaceae and Myoporaceae at the Western Australian Herbarium.

第3章　ランの楽園 中国四川省の黄龍渓谷

イボ・ルオ，リ・ドン，ホルガー・ペルナー / 高橋英樹 訳

横断山脈（地域を特定せずに中国西南山地ともいわれる）は地球規模生物多様性ホットスポット35のひとつである。26万km²を占め，西の境界はチベット高原，東側は四川盆地と貴州省で，南側は雲南高原，北は甘粛省南部の洮河である。北部において岷山と秦嶺地域に融合して中国中部を東西に横断し，亜熱帯フロラ要素の北方への分散を妨げる効果的な障壁となっている。ふたつのユネスコ世界遺産である九寨溝と黄龍はこの岷山山脈に位置し，この地域の豊かなフロラを代表する象徴的な場所となっている。これらふたつの保護区の湖と川は，雪に覆われた高い頂をもつ山脈の下に広がる森林斜面に囲まれている。

黄龍国家公園は700km²を占め，650km²の自然保護地域が周辺にある。岷山山脈の最高峰は5,588mの標高をもつ雪宝頂で，公園の南境界に位置する。黄龍の北端は九寨溝国家公園に直接繋がり，北東端は王朗国家パンダ保護区に，そして南端は雪宝頂国家公園に繋がっている。黄龍国家公園は約1,700mから雪宝頂頂上の5,588mまでのたいへん大きな標高差をもち，切れ目のない植生帯に反映されている。黄龍の主要な植生帯は温帯～冷温帯山地林で樹木限界は3,600～3,800mの間にある。涪江（最近はペイ川と改名されている）の源流は標高4,000mの雪山峠の高山草原に発している。そして黄龍の中部2,500mから始まり公園の南東境界の1,700mで終わる丹云峡を流れ下っている。丹云峡は長さがおよそ18kmに達し，屹立する高さ1,000mの岸壁に縁取られている。

黄龍国家公園内での大きな標高差が植生の多様性を生み出している。海抜約4,000mの雪山峠は高山草原に覆われている。高山草原の下部は，主にヤナギ属，メギ属，ツツジ属，シモツケ属，シビラエア属 Sibiraea，その他の属から構成される高山低木林が優占する植生帯である。山地林は標高約2,600mまでの斜面を覆っている。カバノキ属，カラマツ属，モミ属，トウヒ属，ビャクシン属などの冷温帯～温帯の属や種がこれらの森林の主要要素である。2,500～2,000mの間の非常に高い種多様性のみられる移行帯の後に，黄龍の最も低い地域の植生の大部分を暖温帯性の常緑広葉低木・樹木が構成している。

広範囲の植生帯が多様な植物・動物のための豊かな生育環境をつくり出している。動物としてはジャイアントパンダ，ターキン（アッサム北部・チベット山地に生息するヤギに似たカモシカ類），キンシコウ（オナガザル科の1種でゴールデンモンキーとも呼ばれ，「孫悟空」のモデルともいわれる）が含まれている。横断山脈からは1万2,000種の高等植物が記録されており，これは全中国の高等植物のおよそ40%にあたる。ゆうに2,000種を超える維管束植物が黄龍国家公園から知られている。1990年には中国科学院植物学研究所のランの専門家 K. ラン教授が横断山脈から91属363種のランを記録し，この数は最近の研究により400種以上に増加している。ラン専門家，H. ペルナー博士は黄龍から31属70分類群のランをリストした。丹云峡のそばの黄龍渓谷が公園のなかではランの最も豊かな場所であり，しばしば幅100mほどのやや小さな谷の下部約3.6kmのところに温帯性地生ラン20属35種が生育している。

図1 ウンナンキバナアツモリソウ(中国名「黄花杓蘭」)*Cypripedium flavum*(©Luo)

ここにはウンナンキバナアツモリソウ *Cypripedium flavum*, チベットアツモリソウ *Cyp. tibeticum*, キプリペディウム・バルドルフィアヌム *Cyp. bardolphianum*, ウチョウラン属のポネロルキス・チュスア *Ponerorchis chusua*, ガレアリス・ディアンタ *Galearis diantha*, ガンゼキラン属のファイウス・デラワウィ *Phaius delavayi*, ホザキイチョウラン *Malaxis monophyllos* が，各々数千個体からなる大きな集団を形成している。このような現象は中国のみならず稀有なことである。黄龍渓谷は温帯性ランの唯一無二の楽園といえるだろう。

黄龍渓谷の主要なツーリストの目的地は700 km²の広さの黄龍自然保護区で，そこにはこの種のものでは世界最大の石灰華層が含まれている。頂上の雪宝頂とその基部の涪江とともに，黄龍渓谷はそれぞれの場所が比較的独立した立地となっている。7 kmの長さの渓谷は標高3,100 mから徐々に高度を上げ，4,000 mで終わる。水は南から北へ流れている。絶景のトラバーチン Travertine(石灰質化学沈殿岩)の沼を含む標高3,500 m以下の場所のみが観光客に公開されている。トラバーチンは地下水の炭酸カルシウムが沈殿したものである。黄龍のトラ

図2 チベットアツモリソウ（中国名「西蔵杓蘭」）*Cypripedium tibeticum*（©Luo）

図3　アツモリソウ属の1種(中国名「無苞杓蘭」)*Cypripedium bardolphianum*(©Luo)

　バーチン・システムの起源は炭酸水素カルシウムと炭酸で高度に飽和した水を産生する温泉群である。水中で炭酸を形成する二酸化炭素のほとんどは若い起源のもので渓谷地下の深い地質断層から由来し，地熱水で育まれる。水が地表に達すると，炭酸水素カルシウムは分解して，炭酸カルシウムと水と二酸化炭素になる。炭酸カルシウムが沈着してトラバーチンを形成し，これは湯の花あるいは石灰華とも呼ばれる。水がより早く流れ，より浅い場合は，より多くの二酸化炭素が水から抜けて，より多くの炭酸カルシウムが沈積しうる。これが流れの浅い場所

図4　アツモリソウ属の1種(中国名「四川杓蘭」)*Cypripedium sichuanense*(©Luo)

により早くトラバーチンが成長する理由であり，次により高く成長する壁を形成するようになり，ついにはダムが形成される。黄龍渓谷ではこれらのダムがさまざまな大きさと形の3,400を超えるトラバーチン・プールを形成している。渓谷の地表水と地下水のシステムはやや複雑であり，周辺の山岳斜面に降った水を運ぶ小流によっても供給される。最も重要な水の供給源はトラバーチンの初期の鉱物温泉である。カルスト地形の洞窟や裂け目にある渓谷にそった夥しい量の地下鉱水の流れは，ときに渓谷沿いの表面に達することで，渓谷の多数のトラバーチン形成の要因ともなっている。

黄龍渓谷の年平均気温は5〜7℃で，年平均降水量は730〜760 mm，降水のほとんど(年降水量の70〜73%)は5〜9月の間である。これが渓谷斜面を覆っている豊かな山地林を涵養している。しかし渓谷の底では，急速なトラバーチンの沈殿(1年で平均10 mm)が鬱閉した森林の発達を阻んでいる。実際のところ活発なトラバーチン形成地域には植生の被覆がない。このような場所は草本のパッチや低木，比較的成長の遅い樹木や樹木群に囲まれており，生育地は高〜中程度の日照レベルとなっている。この群

落での普通樹種としては，モミ属のアビエス・エルネスティイ *Abies ernestii*，アビエス・ファクソニアーナ *A. faxoniana*，カバノキ属のベチュラ・ウーティリス *Betula utilis*，ヤナギ属のサリックス・テトラスペルマ *Salix tetrasperma* が含まれ，通常の低木としてはメギ属のベルベリス・ポリアンタ *Berberis polyantha*，スイカズラ属のロニケラ・スチェチュアニカ *Lonicera szechuanica*，ナナカマド属のソルブス・フーペーエンシス *Sorbus hupehensis* が含まれる。草本層にはネギ属のアリウム・プラッティイ *Allium prattii*，ウラシマツツジ属のアルクトウス・ルベール *Arctous ruber*，スゲ属のセンジョウスゲ *Carex lehmannii*，エゾムギ属のエリムス・ヌタンス *Elymus nutans*，リンドウ属のトウリンドウ *Gentiana scabra*，ミチヤナギ属のポリゴヌム・マクロフィルム *Polygonum macrophyllum* を含み，同様にラン科の 35 種が含まれる。ほとんどのランは標高 3,100〜3,250 m の間の，長さ約 2 km，幅 100〜300 m の渓谷地域に出現する。ラン科植物のある種は，幅約 200 m，長さ 300 m，標高 3,200 m（以降は森林地域と呼ぶ）の渓谷底部のパッチ状の針葉樹林内に出現する。この場所は数百年前の木道建設の後で発達したようで，トラバーチンを形成する水の流れを変更させた。この群落で優占する上層木はモミ属のアビエス・ファブリ *Abies fabri* とトウヒ属のピケア・アスペラータ *Picea asperata* である。一方，スゲ属のセンジョウスゲ，カタバミ属のオキザリス・アケトセラ・グリフィシィイ *Oxalis acetosella* spp. *griffithii*，シオガマギク属のペディクラリス・フミリス *Pedicularis humilis*，ミチヤナギ属のポリゴヌム・マクロフィルム，ツツジ属のロドデンドロン・ワットソニイ *Rhododendron watsonii*，スグリ属の 1 種 *Ribes* sp.，バラ属のロザ・ムリエラエ *Rosa murielae* が通常みられる草本と低木である。

黄龍における植物調査

ペレ・アーマン・デビッド Père Armand David（1826〜1900），アーネスト・ヘンリー・ウィルソン Ernest Henry Wilson（1876〜1930），ジョセフ・ロック Joseph Rock（1884〜1962），ハリー・スミス Harry Smith（1889〜1971）といった初期のプラントハンターが足を踏み入れた場所として有名なのは，四川省の西部と北部である。彼らは，多くのヨーロッパや北米の庭園で現在普通にみられる温帯性の樹木や低木を採集することに努力を傾注した。デビッドは黄龍を訪れたことはなかったが，彼以降西洋から来た何人かの探検家が黄龍を訪れた。1910 年 8 月，ウィルソンが黄龍渓谷を探索し，採集者たちにウンナンキバナアツモリソウやチベットアツモリソウの生標本を集めさせた。これらは北米のアーノルド樹木園に送られそこで翌年には開花している。ウィルソンはまた丹云峡を横断し，そこで多くの樹木を記録した。黄龍で最も重要な初期の科学的なラン収集はスウェーデンの植物学者ハリー・スミスによるものである。1922 年に彼は，黄龍渓谷で十分な探査をおこなった。7 月 20〜23 日の間に，黄龍で 23 のラン科分類群を採集した。そのうち 16 種が，有名なドイツ人ラン科専門家のルドルフ・シュレヒター Rudolf Schlechter により新種として記載された。これらの分類群のうち 6 種は現在ではシノニムと考えられている。初期の採集家は旅行の途中でランの押し葉標本を作成した。その初期の採集物は，英語版『中国植物誌』の中国産ランの説明中に含まれている。

2002 年に，黄龍自然保護区管理事務所と北京科学院植物学研究所は，受粉と集団生物学に焦点を定めた黄龍でのラン研究プロジェクトの実施に合意した。しかし SARS（重症急性呼吸器症候群）の発生により，2003 年のプロジェクト開始計画は翌年に延期せざるをえなかった。

2004 年 4 月に，黄龍渓谷の 25 km ほど東にある丹云峡の標高 2,250 m でみつかったキプ

図5　黄龍国家公園の丹云峡の景観（©Luo）

リペディウム・プレクトロキルム *Cypripedium plectrochilum* とキプリペディウム・ヘンリイ *Cyp. henryi* の受粉生態学に関する調査でプロジェクトがスタートした。渓谷自体での調査は5月に始まった。ヒナラン属，ホテイラン属，アオチドリ属，サンゴネラン属，アツモリソウ属，ディディキエア属 *Didiciea*，カキラン属，トラキチラン属，ガレアリス属 *Galearis*，シュスラン属，フタバラン属，ムカゴソウ属，ヤチラン属，サカネラン属，ミヤマモジズリ属，コケイラン属，ガンゼキラン属，ツレサギソウ属，ウチョウラン属，ヒトツボク

ロ属といったすべての属が自生しており，しばしばこれら数属の種が隣り合って生育しているのが確認された。黄龍渓谷の開花期はホテイラン属の5月に始まり，ヒナラン属の9月初めで終わる。大多数の属が開花するピークは6月の後半である。このプロジェクトではたらいた学生たちは毎日の研究でランの花とその昆虫による受粉の複雑さや美しさを十分に楽しんだので，夜が明けたときには現場を去り難かったようだ。2004年9月，温度が厳しく低下し最初の雪が降りミヤマモジズリ属のネオッティアンテ・モノフィラ *Neottianthe monophylla* が枯れ始め，

図7　黄龍国家公園の西溝峡谷におけるソバ畑（©Luo）

学生たちはランの楽園に別れを告げなければならなかった。そして，喧騒の大都会北京に帰っていくのだった。しかし春にランたちが目覚めると，学生たちはまたこのランの楽園に戻ってくるのだった。

　プロジェクトは3期（2003〜2017年まで）にわたって続いている。10本以上の研究論文が国際・国内雑誌で正式発表されている。黄龍のランについての特別な単行本も英語・中国語の2か国語で出版されている。修士号あるいは博士号研究のために10名の大学院生がこのプロジェクトに関わっている。高名な国際的植物学者もラン研究のため黄龍を訪れており，たとえば，イスラエル・ハイファ大学進化研究所受粉生態学研究室のアモッツ・ダフニ Amots Dafni 教授，カナダ・カルガリー大学生物科学部のローレンス・デビッド・ハーダー Lawrence David Harder 教授，そして南アフリカ・クワズルーナタル大学のスティーブン・ディーン・ジョンソン Steven Dene Johnson 教授などが含まれる。

黄龍渓谷のラン多様性

　ホルガー・ペルナー Holger Perner 博士が黄

[30頁掲載の]図6　黄龍国家公園の丹云峡の景観（©Luo）

図8 黄龍渓谷の景観（©Luo）

龍管理事務所ではたらき始めた2001年以来，彼はこの自然保護区のラン植物相の大要をとりまとめようと試みてきた。2003年までに黄龍保護区に31属58種のランを記録し，そのうち18属28種が黄龍渓谷である（ペルナーによる個人情報）。この初期の研究に基づき，調査プロジェクトの枠組みのなかで詳細な調査が2003年と2004年におこなわれた。黄龍渓谷に全体で20属35種のランがみつかり，そのうち2属6種が本地区の新産種だった。新しく記録された種はアオチドリ，ヒナラン属のアミトスティグマ・ファベリ *Amitostigma faberi*，チョウセンキバナアツモリソウ *Cypripedium guttatum*，カキラン属のエピパクティス・ヘレボリネ・タングティカ *Epipactis helleborine* var. *tangutica*，ガレアリス・フアングロンゲンシス *Galearis huanglongensis* そしてディディケア・クンニンガミイ *Didiciea cunninghamii* であった。アオチドリはたったひとつの開花個体がみつかり，チョウセンキバナアツモリソウは10茎からなるただ1塊がみつかり，このうち3茎が2004年に開花した。開花期，結実期，主な花色，標高，生育条件，生育型，およその個体数を含んだ黄龍渓谷の全ラン科植物リストが表1にある。

表1　黄龍渓谷のラン科植物リスト

学名(和名)	生活型	標高(m)	開花期(月)	結実期(月)	概　数	花　色	生育地
Amitostigma monanthum	陸生植物	3,150～3,500	6～7	8～9	50	白色，ピンク色	林縁
Amitostigma faberi	陸生植物	3,150	7	8～9	10	紫色	草原斜面
Calypso bulbosa ヒメホテイラン	陸生植物	3,100～3,300	5	6～7	40	ピンク色	森林
Coeloglossum viride アオチドリ	陸生植物	3,200	7	8	1	緑黄色	林縁
Corallorhiza trifida チシマサカネラン	腐生植物	3,100～3,300	6	7	100	黄緑色	林縁
Cypripedium bardolphianum	陸生植物	3,100～3,400	5～6	7～8	10,000	緑褐色	林縁
Cypripedium calcicola	陸生植物	3,100～3,300	6	7～8	10	紫褐色	林縁
Cypripedium flavum	陸生植物	3,100～3,400	6～7	8～9	10,000	黄色	林縁
Cypripedium guttatum チョウセンキバナアツモリソウ	陸生植物	3,100	7	8～9	10	白紫色	草原斜面
Cypripedium tibeticum	陸生植物	3,100～3,500	7～8	8～9	10,000	スミレ色	林縁
Didiciea cunninghamii	陸生植物	3,100～3,350	6～7	8～9	10	暗褐色	林縁
Epipactis helleborine var. *tangutica*	陸生植物	3,150～3,250	8	9	20	緑色	草原斜面
Epipogium aphyllum トラキチラン	腐生植物	3,350	8	9	10	黄色	森林
Galearis diantha							
Galearis huanglongensis	陸生植物	3,100～3,400	7～8	9～10	10,000	ピンク色，白色	林縁
Galearis roborowskii	陸生植物	3,100	7～8	9～10	100	白色	林縁
Galearis spathulata	陸生植物	3,100～3,400	6～7	8～9	100	ピンク色	森林／開放地
Goodyera repens ヒメミヤマウズラ	陸生植物	3,100～3,500	8	9～10	500	白色	低木
Goodyera wolongensis	陸生植物	3,150～3,350	8	9～10	100	白色	森林
Gymnadenia conopsea テガタチドリ	陸生植物	3,100～3,500	7	8～9	100	ピンク色	林縁
Herminium ophioglossoides	陸生植物	3,100	7	8～9	50	黄緑色	草原斜面
Listera biflora	陸生植物	3,350	7	8～9	30	緑色	森林
Listera puberula var. *maculata*	陸生植物	3,350	7	8～9	30	緑色	森林
Listera smithii	陸生植物	3,350	7	8～9	30	緑色	森林
Malaxis monophyllos ホザキイチョウラン	陸生植物	3,200～3,300	6～7	8～9	1,000	黄緑色	林縁
Neottia acuminata ヒメムヨウラン	腐生植物	3,100～3,250	7	8～9	20	黄褐色	林縁
Neottia listeroides	腐生植物	3,100～3,250	7	8～9	10	緑色	林縁
Neottianthe monophylla	陸生植物	3,450	8	9～10	20	ピンク色，白色	林縁
Oreorchis nana	陸生植物	3,150～3,300	6～7	8～9	1,000	黄色	林縁
Oreorchis oligantha	陸生植物	3,500	6	8～9	100	褐色	林縁
Phaius delavayi	陸生植物	3,100～3,500	6～7	8～9	10,000	黄色	林縁
Platanthera fuscescens ヒロハトンボソウ	陸生植物	3,300	7	9～10	15	黄緑色	森林
Platanthera minutiflora	陸生植物	3,200～3,400	6	7～8	100	黄緑色	林縁
Ponerorchis chusua	陸生植物	3,100～3,400	7～8	9～10	10,000	ピンク色，白色	林縁
Tipularia szechuanica	陸生植物	3,250～3,300	7	8～9	100	褐色	森林

　　トラバーチン地域(554地点)と森林地域(108地点)でランダムに選ばれた662地点での林床の維管束植物(樹木・低木の実生やひこ生えを含む)1×1m方形区により，黄龍渓谷のトラバーチン地域と森林地域ではラン科植物の多様性に大きな違いがあることが明らかになった。トラバーチン地域はプロットあたりのラン科植物の種数も個体数も森林地域より多かった。我々はトラバーチン地域で30種のランをみつけ，そのうちキプリペディウム・バルドルフィアヌム，ウンナンキバナアツモリソウ，チベットアツモリソウ，ガレアリス・ディアンタ，ガンゼキラン属のファイウス・デラワウィ *Phaius delavayi*，ウチョウラン属のポネロルキス・チュスア *Ponerorchis chusua* の6種は普通種だった。森林地域では21種のランが記録され，最も普通の種はヒトツボクロ属のティプラリア・スチェチュアニカ *Tipularia szechuanica* とヒメミヤマウズラ *Goodyera repens* だった。ヒナラン属のアミトスティグマ・ファベリ，

図9　黄龍渓谷の景観（©Luo）

アオチドリ，チョウセンキバナアツモリソウ，アツモリソウ属のキプリペディウム・カルキコーラ Cyp. calcicola，チベットアツモリソウ，カキラン属のエピパクティス・ヘレボリネ，ガレアリス・ロボロウスキイ Galearis roborowskii，テガタチドリ Gymnadenia conopsea，クシロチドリ Herminium monorchis，ミヤマモジズリ属のネオッティアンテ・モノフィラ Neottianthe monophylla，ガレアリス・フアングロンゲンシス，ノヤマトンボ Platanthera minor の12種はトラバーチン地域のみにみられた。シュスラン属のゴオディエラ・ウォロンゲンシス Goodyera wolongensis，フタバラン属のリステラ・ビフロラ，ヒロハトンボソウの3種は森林地域のみにみられた。

ランの生育地の特徴

相対照度を計算するための十分に開けた場所での計測とともに，低木をともなった1本の孤立した針葉樹があるトラバーチンの生育地の典型的な場所と森林地域とで，6月の晴れた日の9〜18時までの1時間ごとに，地上約35 cmのところに照度計（TES-1339）が置かれ計測された。同時に気温，土壌温度そして相対湿度が湿度・

温度計測器(CENTER-314)で計測された。ふた
つの生育地型でそれぞれ30の土壌サンプルが
採集された。土壌湿度，有機質含量，チッソ，
カルシウム，カリウム，リンそして土壌pHが
計測・評価された。

　樹木の被度と蘚苔類の被度は，森林地域より
もトラバーチン地域で有意に低かったが，低木
と草本の被度は高かった。晴れた日の評価に基
づくと，気温，土壌温度，そして相対照度は森
林地域よりもトラバーチン地域で有意に高かっ
た，しかし相対湿度は有意に低かった。全カル
シウム量とpH値はトラバーチン地域でずっと
高かったが，一方で森林地域では湿度，有機物，
全チッソ量，そして土壌深度が高かった。しか
し，全カリウム量と全リン量はふたつの生育地
間で違いはなかった。

　多くの研究は，ラン科植物同様に森林内草本
の定着や繁殖の制限要因のひとつになっている
のは光であることを報告している。したがって
ふたつの生育地間でのランの出現パターンの違
いには2生育地間での樹木被度と光の利用可能
性の差異が起因していると私たちは推測してい
る。樹木による被覆が疎らな，トラバーチン地
域のより開けた生育地は，森林林床に比べて下
層植生に，より多くの光が到達することを許す
だろう，このため下層植生での光を求めての植
物間の競争はより緩やかになるだろう。この結
果，より多くのラン科植物種が森林地域よりも
トラバーチン地域に生育するようになる。ラン
科植物種の分布パターンはある程度光環境への
適応の反映だろう。トラバーチン地域のキプリ
ペディウム・バルドルフィアヌム，チベットア
ツモリソウ，ポネロルキス・チュスアといった
ランは樹木の被度と負の相関をしており，日が
あたらない森林地域ではずっと低い頻度である。
このことはこれらのラン科植物が高い照度の微
環境を好んでいることを示している。一方で森
林地域に普通のティプラリア・スチェチュアニ
カやヒメミヤマウズラといった種は樹木の被度

とわずかに正の相関を示している。トラバーチ
ン地域では低い頻度であり，これらの種が低い
光補償点をもっていることを示唆している。

　トラバーチン地域においては，毎年の表面水
の流れのほとんどは4〜11月に起こり，これは
ランの生育季節と一致している。これらの水の
高いカルシウム濃度に耐性のないラン科以外の
いくつかの植物がトラバーチンの植物群落での
競争から除かれてしまう。このことがラン個体
群が存続するための安定的な微環境を形成し維
持するための必須条件と思われる。光を求めて
の競争を緩和するし，ランの生長と繁殖に有利
にはたらく。他方で，地表水の流れは攪乱要因
ともみなされる。なぜなら降雨の後では，水流
はしばしばトラバーチン地域の植生パッチの上
にまであふれてしまうからである。多くの研究
は適度な攪乱が低木や草本の競争を減少させ，
これがラン科植物に有利にはたらくことを示し
ている。

　しかし適度の攪乱は植生に侵入しようとする
草本にとって絶好の機会を与えることにもなる。
さらに，上層が開けることはラン科植物の侵入
に有利にはたらき，森林地域よりもトラバーチ
ン地域により多数のラン科植物種がみられるこ
との原因となりうる。

　トラバーチン地域と森林地域との間の樹木，
低木，草本そして蘚苔類の被度の差は腐葉層の
差異を引き起こす。これは菌根菌の構成や活性
に影響を与え，同様にラン科種子の発芽に影響
を与える。このことは，有機質土壌が菌根菌や
土壌構造，きめ細かさなどに連関していると思
われるためであり，種子発芽そしてランの分布
パターンに直接・間接のインパクトを与えるこ
とになるだろう。このため有機質土壌と同様に
樹木，低木，草本，蘚苔類の被度はふたつの生
育地間でのラン科植物種構成を決定するうえで，
一定の役割を果たしていると思われる。土壌の
カルシウム含量は両地域で極端に高く，黄龍渓
谷地域の石灰質土壌がこの地域での高いラン科

図10　牟尼溝の景観（©Luo）

植物種多様性を支える役割を果たしているのだろう。ある種の植物は石灰質土壌に不適であるかもしれない。そしてあるいは，石灰質土壌はラン科植物の生活史において非常に重要な役割を果たす共生菌類に特に好ましいものかもしれない。

黄龍渓谷のランの花暦

　ヒメホテイラン *Calypso bulbosa* がおそらく渓谷で最初に開花するランであろう。私たちが黄龍渓谷で調査を始めた5月末，日のあたらない針葉樹林では開花真っ最中だった。キプリペディウム・バルドルフィアヌムが渓谷で2番目に開花するランである。2004年の開花は5月24日に始まった。栗色で厚く上張りされた緑黄色の萼片と花弁，そして金色の唇弁をもったこの非常に小型のランは横走する地下茎によりとても大きな個体群を形成する。このランはトラバーチン上の浅い腐植土の低木周辺の開けた木陰，特に背の低い蘚苔類の被覆部分に生育している。花は長期間もち，葉が一部展開するような時期にはすでに開花している。

　6月初旬には最初にチベットアツモリソウがそしてすぐ次にウンナンキバナアツモリソウが

[37頁掲載の]図11　牟尼溝のザガ滝（©Luo）

図12　牟尼景勝地のエルダオ湖の景観（©Luo）

開花する。開花ピークは6月後半である。これらの種が黄龍渓谷での最も見栄えのよいランであり，大きな個体群を形成する。ウンナンキバナアツモリソウの花色は，黄色の蕊柱をもった純粋な黄色花から，黒褐色の蕊柱をもった典型的な黄色花そして赤〜ピンク色がかった萼片と花弁をもったものまでと変異する。渓谷全体では10,000の有花茎が生育し，通常は大きな集団を形成して，それはときに開花真最中の200花茎以上を持つようなサイズにまで達する。チベットアツモリソウは何千と出現し，通常は1, 2本の茎からなる植物体を形成する。そしてたまに5〜25茎にもなる大きな塊をつくる。ボリューム感のある花は，通常，ウンナンキバナアツモリソウの花よりも大きい。6月中旬〜7月初旬まで魅力的な景観が現われ，そのときにはウンナンキバナアツモリソウ，チベットアツモリソウ，キプリペディウム・バルドルフィアヌム，チョウセンキバナアツモリソウそしてキプリペディウム・カルキコラ *Cpy. calcicola* からなるおよそ20,000の地上茎，そして同時にチシマサカネラン *Corallorhiza trifida*，クシロチドリ，ホザキイチヨウラン，ネオッティア・リステロイデス *Neottia listeroides*，オレオル

キス・ナナ *Oreorchis nana*，オレオルキス・オリガンタ *O. oligantha*，プラタンテラ・ミヌティフロラ *Platanthera minutiflora*，そして少しばかりのガレアリス・フアングロンゲンシスといった花たちが開花最盛期となる。

7月中旬にアツモリソウ属の仲間が完全に枯れてしまう前に，約10,000有花茎が出現するファイウス・デラワウィ *Phaius delavayi* のような見栄えのするランが咲き誇る。また花形や花色に変異のあるポネロルキス・チュスア，そして紫色あるいはライラック-ピンクの萼片と花弁をもつガレアリス・ディアンタが7〜8月初旬にそれまでとは異なる景観をみせてくれる。そのときにはアミトスティグマ・ファベリ，アオチドリ，エピパクティス・ヘレボリネ・タングティカ，トラキチラン *Epipogium aphyllum*，ヒメミヤマウズラ，ゴオディエラ・ウォロンゲンシス，フタバラン属 *Listera* ssp.，ティプラリア・スチェチュアニカといった種類も開花する。それらは短い間，アツモリソウ属と開花期が重なるが，開花ピークは数週間後となる。アツモリソウ属が最初で，ガンゼキラン属が続き，ウチョウラン属，ガレアリス属，そしてシュスラン属は数種が9月まで花が残り，最も遅くまで開花している属である。

ネオッティアンテ・モノフィラは最も遅く開花するランで9月に咲く。このランは渓谷口部に向き合った北向き斜面の草原に生え，標高3,300〜3,600mに明るいピンク色の花を添えてくれる。

このような狭い渓谷にこれほど多くの温帯性ラン科植物が豊産するのは，きわめて稀なことである。アツモリソウ属，ウチョウラン属，ガンゼキラン属といったこれほど多くの美しい温帯性ラン科植物が同じ場所にこれほど大きな群落を形成しているのもまた珍しいことである。黄龍渓谷のランはその驚異の景観とともに独特のものである。この渓谷はユネスコの世界遺産と人間と生物圏計画の生物圏保護地区という地位に十分値するものである，ということを述べたい。6，7そして8月，特に6月下旬が黄龍渓谷のランを鑑賞するうえで最良の時期である。

謝　辞
　黄龍渓谷での我々の調査を遂行するに当たって，助力いただいた黄龍管理所のヤフイ・コウ氏，ゲ・ジ氏，ウェンチン・ペルナー女史，バオリン・ヤン氏，デジュン・アン氏，シュー・タン夫人，レイ・シ氏に感謝する。中華人民共和国国家林業局からのイボ・ルオへの資金援助に大変感謝する。

The Orchid Paradise
Huanglong Valley in Sichuan, China

Yibo Luo[1], Li Dong[2] and Holger Perner[2]

It is rare and uncommon that so many temperate orchid species are pooled in such a narrow valley. It is also rare that so many showy temperate orchid species, such as *Cypripedium*, *Ponerorchis*, and *Phaius* form so large populations in the same locality. We like to express that the orchids in the Huanglong Valley are as unique as the spectacular landscape, and that this valley fully deserves its status as a UNESCO World Heritage and MAB Biosphere Reserve. June, July and August, especially late June, are good times for appreciating orchids in the Huanglong Valley.

We would like to thank Mr. Yahui Kou, Mr. Ge Ji, Mrs. Wenqing Perner, Mr. Baolin Yang, Mr. Dejun An, Mrs. Shu Tang and Mr. Lei Shi of Huanglong administration for their assistance when we carried out our studies in the Huanglong Valley. Financial support is gratefully acknowledged for Yibo Luo from the State Forestry Administration, P. R. China.

---

[1] Laboratory of Systematic and Evolutionary Botany, Institute of Botany, Chinese Academy of Sciences.
[2] Huanglong Administration, Huanglong Valley Seercuozhai, Songpan County.

第4章　千島列島のラン

高橋英樹

　全長1,200kmに及ぶ長大な弧状列島が北海道東部とカムチャツカ半島とを結んでいる。大小23あまりの島からなり，全体の面積はハワイ諸島よりやや小さいが琉球列島の7倍以上にもなる。それが千島列島である。我々日本人には，千島列島の南西部にあたる南千島の4島（国後島，択捉島，歯舞群島，色丹島），いわゆる「北方四島」しか頭に浮かばない。知床半島から国後島の島影がみえるだの，根室のノシャップ岬のすぐ目と鼻の先に歯舞群島の貝殻島があるといったニュースはときに耳にするが，カムチャツカ半島にまで繋がる長大な千島列島全体にまで想像力は及ばない。しかしこの千島ルートこそ，サハリン（樺太）とともに，北方植物が北日本へ南下するうえで極めて重要な移動ルートであった。千島列島は，日本のフロラ形成史を紐解くうえで欠かすことのできない地域のひとつなのである。

　ここでは，私が1995年から訪れた7回の調査で垣間みた千島列島のランフロラの特徴について紹介しよう。

全体像

　これまでに千島列島から知られているラン科植物は25属42種にのぼる（表1）。このうち千島列島全域にみられる普通種はハクサンチドリであり，次にタカネトンボ，シロウマチドリ，ホソバノキソチドリなどが比較的多いが，大半の種は千島列島南西部の南千島に偏って現われる。表1からは比較的多くのラン科の属・種数が千島列島に生育するようにみえるが，列島フロラの科ランクとしてはラン科が主要な群とまではいえない。千島列島の3大科はカヤツリグサ科（136種），イネ科（122種），キク科（91種）の順で，ラン科は6位となっている。相手は熱帯・亜熱帯地域で種多様性を誇るラン科であるのだから，冷温帯～亜寒帯地域の千島列島において順位が下がるのは致し方ないところであろう。

分布パターン

　千島列島産ラン科植物42種を，列島における分布パターンで分けると(1)全域に分布，(2)南千島にのみ分布（一部，中千島南西部に分布するものを含む），(3)北千島にのみ分布，(4)南千島と北千島の両側に分布，の4グループになる。(2)の南千島にのみ分布する種が全体の3/4を占めることから，千島列島でみられるランの多くは北海道から分布をのばしてきた温帯種であることがわかる。

　千島列島以外での種全体の分布地域をも考慮すると，4グループをさらにいくつかのサブグループに分けることができる。「周北極分布」はより高緯度の少なくともユーラシア大陸に広く分布する種，「北太平洋分布」はカムチャツカ半島～アリューシャン列島までの北太平洋に分布中心がある種，「北アジア分布」は少なくともシベリア～ロシア極東まで分布する種，「東北アジア分布」は北海道やサハリンを中心に分布する種，「東アジア分布」は少なくとも九州から朝鮮半島ないし中国まで分布する種，「準日本固有分布」は日本が分布の中心で一部千島列島やサハリン・朝鮮半島にも分布する種，としてサブグループに分けた。中間的な分布パターンについては括弧内に追記した。

42 第Ⅰ部 ランの多様性

表1 千島列島産ラン科植物分布表(高橋，2015 を一部修正)。

●戦後標本があるもの，◎戦前標本のみあるもの，○信頼できる文献記録があるもの，△文献記録はあるが検討が必要なもの，
・標本も文献記録もないもの，＋千島列島以外の当該地域で分布が報告されているもの。

和名	Taxon	Hon	Hok	Sak	Hab	SHK	KUN	ITU	URU	BCH	CHP	SIM	KET	Ush	RAS	MAT	RAI	SHS	EKA	KHA	ONE	MAK	PAR	SHU	ATL	Kam
ラン科	AM15. ORCHIDACEAE																									
コアニチドリ	*Amitostigma kinoshitae*	+	+	·	·	·	◎	·	·	·	·	·	·	·	·	·	·	·	·	·	·	·	·	·	·	·
ギンラン	*Cephalanthera erecta*	+	+	·	·	·	·	○	·	·	·	·	·	·	·	·	·	·	·	·	·	·	·	·	·	·
ササバギンラン	*Cephalanthera longibracteata*	+	+	·	·	◎	◎	·	·	·	·	·	·	·	·	·	·	·	·	·	·	·	·	·	·	·
チシマサカネラン	*Corallorhiza trifida*	·	·	+	·	·	·	·	·	·	·	·	·	·	·	·	·	·	·	·	·	·	●	◎	·	+
サイハイラン	*Cremastra appendiculata*	+	+	·	·	·	◎	·	·	·	·	·	·	·	·	·	·	·	·	·	·	·	·	·	·	·
アツモリソウ(広義)	*Cypripedium macranthos*	+	+	·	·	◎	◎	◎	·	●	·	·	◎	·	·	·	·	·	·	·	◎	·	·	·	·	+
キバナノアツモリソウ	*Cypripedium yatabeanum*	+	+	·	·	◎	◎	·	●	·	·	◎	◎	△	·	·	·	·	·	·	○	·	◎	◎	·	+
ハクサンチドリ	*Dactylorhiza aristata*	+	+	·	○	◎	●	●	●	●	●	●	●	●	●	·	·	●	●	●	●	●	●	◎	·	+
アオチドリ	*Dactylorhiza viridis*	+	+	·	·	◎	◎	·	●	·	●	●	●	△	·	·	·	·	·	○	·	·	●	·	·	·
イチョウラン	*Dactylostalix ringens*	+	+	·	·	◎	◎	·	·	·	·	·	·	·	·	·	·	·	·	·	·	·	·	·	·	·
サワラン	*Eleorchis japonica*	+	+	·	·	·	·	·	·	·	·	·	·	·	·	·	·	·	·	·	·	·	·	·	·	·
コイチヨウラン	*Ephippianthus schmidtii*	+	+	·	·	●	◎	◎	●	●	·	·	·	·	·	·	·	·	·	·	·	·	·	·	·	·
エゾスズラン	*Epipactis papillosa*	+	+	·	·	○	●	◎	·	·	·	·	·	·	·	·	·	·	·	·	·	·	·	·	·	+
オニノヤガラ	*Gastrodia elata*	+	+	·	·	·	○	○	·	·	·	·	·	·	·	·	·	·	·	·	·	·	·	·	·	·
アケボノシュスラン	*Goodyera foliosa* var. *maximowicziana*	+	+	·	·	·	·	·	·	·	·	·	·	·	·	·	·	·	·	·	·	·	·	·	·	·
ヒメミヤマウズラ	*Goodyera repens*	+	+	·	·	○	◎	○	·	·	·	·	·	·	·	·	·	·	·	·	·	·	·	·	·	+
ミヤマウズラ	*Goodyera schlechtendaliana*	+	+	·	·	·	·	·	·	·	·	·	·	·	·	·	·	·	·	·	·	·	·	·	·	·
テガタチドリ	*Gymnadenia conopsea*	+	+	·	◎	◎	○	●	●	·	·	·	·	·	·	·	·	·	·	·	·	·	·	·	·	·
ヒメミズトンボ	*Habenaria linearifolia* var. *brachycentra*	+	+	·	·	·	◎	·	·	·	·	·	·	·	·	·	·	·	·	·	·	·	·	·	·	·
タカネトンボ	*Limnorchis chorisiana*	+	+	·	·	●	●	●	●	●	●	●	●	●	●	●	●	●	●	●	●	●	●	○	○	+
シロウマチドリ	*Limnorchis convallariifolia*	+	+	·	·	△	●	●	●	●	●	●	●	●	●	·	·	◎	·	·	◎	·	◎	·	·	+
クモキリソウ	*Liparis kumokiri*	+	+	·	·	·	·	·	·	·	·	·	·	·	·	·	·	·	·	·	·	·	·	·	·	+
ホザキイチヨウラン	*Malaxis monophyllos*	+	+	·	·	◎	◎	·	●	·	·	●	·	◎	△	·	·	·	·	·	·	·	·	·	·	+
ヤチラン	*Malaxis paludosa*	+	+	·	·	·	·	·	·	·	·	·	·	·	·	·	·	·	·	·	·	·	·	·	·	+
アリドオシラン	*Myrmechis japonica*	+	+	·	·	·	◎	◎	·	·	·	·	·	·	·	·	·	·	·	·	·	·	·	·	·	·
ノビネチドリ	*Neolindleya camtschatica*	+	+	·	·	◎	◎	●	●	·	·	◎	·	●	●	·	●	·	·	·	·	·	○	●	·	+
コフタバラン	*Listera cordata*	+	+	+	·	◎	○	●	○	●	○	◎	○	△	·	·	·	·	●	·	·	◎	○	○	·	+
ミヤマフタバラン	*Listera nipponica*	+	+	·	·	◎	◎	●	●	·	·	·	·	·	·	○	·	·	·	·	·	·	·	·	·	·
タカネフタバラン	*Listera yatabei*	+	+	·	·	◎	◎	●	·	○	·	·	·	·	·	·	·	·	·	·	·	·	·	·	·	·
ヒメムヨウラン	*Neottia asiatica*	+	+	·	·	◎	◎	·	·	·	·	·	·	·	·	·	·	·	·	·	·	·	·	·	·	+
エゾサカネラン	*Neottia nidus-avis*	+	+	·	·	◎	◎	·	·	·	·	·	·	·	·	·	·	·	·	·	·	·	·	·	·	·
ミヤマモジズリ	*Neottianthe cucullata*	+	+	·	·	○	○	·	·	·	·	·	·	·	·	·	·	·	·	·	·	·	·	·	·	·
コケイラン	*Oreorchis patens*	+	+	·	·	○	○	●	·	·	·	·	·	·	·	·	·	·	·	·	·	·	·	·	·	+
ヒロハトンボソウ	*Tulotis fuscescens*	+	+	·	·	·	·	·	·	·	·	·	·	·	·	·	·	·	·	·	·	·	·	·	·	·
ミズチドリ	*Platanthera hologlottis*	+	+	·	○	·	·	·	·	·	·	·	·	·	·	·	·	·	·	·	·	·	·	·	·	·
タカネサギソウ	*Platanthera maximowicziana*	+	+	·	·	◎	◎	·	·	·	·	·	·	·	·	·	·	·	·	·	·	·	·	·	·	·
エゾチドリ	*Platanthera metabifolia*	·	·	+	·	◎	◎	·	·	·	·	·	·	·	·	·	·	·	·	·	·	·	·	·	·	·
オオヤマサギソウ	*Platanthera sachalinensis*	+	+	·	·	◎	◎	·	·	·	·	·	·	·	·	·	·	·	·	·	·	·	·	·	·	·
オオキソチドリ	*Platanthera ophrydioides*	+	+	·	·	·	●	●	○	·	·	·	·	·	·	·	·	·	·	·	·	·	·	·	·	·
ホソバノキソチドリ	*Platanthera tipuloides*	+	+	·	·	◎	●	●	●	●	·	·	△	◎	·	·	·	●	●	●	●	●	●	○	·	+
トキソウ	*Pogonia japonica*	+	+	·	·	◎	◎	·	·	·	·	·	·	·	·	·	·	·	·	·	·	·	·	·	·	·
ネジバナ	*Spiranthes sinensis* var. *amoena*	+	+	+	○	◎	◎	●	●	·	·	·	·	·	·	·	·	·	·	·	·	·	·	·	·	+

Hon：本州，*Hok*：北海道，*Sak*：サハリン，Hab：歯舞群島，SHK：色丹島，KUN：国後島，ITU：択捉島，URU：ウルップ島，BCH：ブラットチルポイ島，CHP：チルポイ島，SIM：シムシル島，KET：ケトイ島，Ush：ウシシル島(南島・北島)，RAS：ラシュワ島，MAT：マツワ島，RAI：ライコケ島，SHS：シャシコタン島，EKA：エカルマ島，KHA：ハリムコタン島，ONE：オネコタン島，MAK：マカンル島，PAR：パラムシル島，SHU：シュムシュ島，ATL：アライト島，*Kam*：カムチャツカ半島

(1)千島列島全域分布(10種)

1-1)周北極分布(4種)：アオチドリ，シロウマチドリ，ホザキイチヨウラン，コフタバラン

1-2)北太平洋分布(4種)：キバナノアツモリソウ，ハクサンチドリ，タカネトンボ，ホソバノキソチドリ

1-3)北アジア分布(1種)：アツモリソウ

1-4)東北アジア〜東アジア分布(1種)：ノビネチドリ

種分布が 1-1)周北極地域や 1-2)北太平洋地域を占める，いわゆる北方植物種が千島列島全域に広く分布しており，これは十分想定されることである。1-1)と 1-2)の種数が，千島列島全域分布種のなかで多いのはうなずける。またアツモリソウは西シベリアから極東ロシア，サハリン，カムチャッカ半島，日本，朝鮮半島，中国東北部に分布するので基本的には冷温帯〜亜寒帯植物と考えられ，これも千島列島全域に生育がみられることはおかしくない。ノビネチドリは学名が *Neolindleya camtschatica* にもあるように，カムチャッカ半島やサハリンにも分布するが，さらに日本では北海道〜四国，九州に分布するのでやや南にまで生育地を広げた（あるいは南から亜寒帯地域にまで広がった？）温帯種といえよう。

(2)南千島分布(30種)

　2-1)周北極分布(4種)：ヒメミヤマウズラ，テガタチドリ(中千島ウルップ島が北東限)，エゾサカネラン，ミヤマモジズリ

　2-2)東北アジア分布(5種)：エゾスズラン，タカネフタバラン(〜中国・ヒマラヤ要素)，ヒメムヨウラン，ヒロハトンボソウ(〜準日本固有要素)，エゾチドリ(〜準日本固有要素)

　2-3)東アジア分布(10種)：ササバギンラン，サイハイラン，オニノヤガラ，アケボノシュスラン，ミヤマウズラ，クモキリソウ(〜準日本固有要素)，コケイラン，ミズチドリ，トキソウ，ネジバナ(〜中国・ヒマラヤ要素)

　2-4)準日本固有分布(11種)：コアニチドリ，ギンラン，イチヨウラン，サワラン，コイチヨウラン，ヒメミズトンボ，アリドオシラン，ミヤマフタバラン，タカネサギソウ，オオヤマサギソウ，オオキソチドリ

千島列島で南千島にしか分布しない種の大半は，2-3)東アジア分布や 2-4)準日本固有分布

といったサブグループに入る。これらの種は基本的に暖温帯〜温帯性植物なので，生育に適する温度帯からみて千島列島内の南部にしかみられないのは不思議ではない。2-2)の東北アジア分布種は温度耐性からすると千島列島のより北部まで生育可能だと思われるが，いずれも日本では主に山地帯の林縁などの暗い立地に現われるため，森林発達のない中千島・北千島ではこれらの種にとって適当な立地環境がないのだろう。このうちエゾスズラン，ヒメムヨウランは森林があるカムチャッカ半島にもみられるが，そこではレッドデータ植物とされ少ない。2-1)の周北極分布に入れられた4種はテガタチドリを除く3種が暗い森林下に生えることより，やはり中千島以北の千島列島では適当な立地環境が少ないのだろう。テガタチドリは沿岸草原という立地や温度耐性からして千島列島中部以北に十分生育可能だと思われるが，本種の分布がカムチャツカ半島や新大陸にみられないことを考えれば，ヨーロッパから東に分布を広げてきたテガタチドリが到達した最東端が，現在の千島列島ウルップ島だとする解釈も成り立つだろう。

(3)北千島分布(1種)

　3-1)周北極分布(1種)：チシマサカネラン

本種は日本には分布しない周北極分布種で，千島列島周辺地域ではサハリンとカムチャツカ半島に分布する。北千島はカムチャツカ半島と連続している北方集団と思われる。

(4)両側分布(1種)

　4-1)周北極分布(1種)：ヤチラン

種としては旧大陸〜新大陸の北方地域に広く分布し，日本でも本州中部〜北海道に分布するが，ミズゴケ湿原に稀産する多年草。分布地点は限られ，日本でもサハリンでもレッドデータ植物である。千島列島では南部国後島と北部パラムシル島の記録があるが，中千島にはミズゴケ湿原が少なく種子供給源も近くにないため，中千島には欠落し，千島列島の北部と南部に隔

離した両側分布のパターンができたのだろう。

思い出の種

ネジバナの種全体の分布は南西部では中国・ヒマラヤから始まり，北方ではサハリン・カムチャツカ半島まで広く分布している。しかし千島列島での分布はこれまでのロシア側からの報告(Barkalov, 2009)では，歯舞群島，色丹島，国後島，択捉島とされており，中千島や北千島からは報告されていなかった。私は2000年，ウルップ島南西部の海岸近くの丘陵上草原で本種を採集した(図1)。中千島の新分布点ということになるが，隣の南千島の択捉島には分布しているのでそれほど意外なことではない。やや雑草的な性質もあるので，最近の人間活動にともなって移動してきた可能性もある。

チシマサカネランは北方のミズゴケツンドラに生育する種で日本にはなく，上述したように千島列島での生育地は北部に限られている。戦前に小泉秀雄氏により採集されたシュムシュ島の標本が日本にあり，また1997年には国際千島列島調査の折に米国隊のSemsrottがパラムシル島で採集した(図2：標本は米国ワシントン大学収蔵)。私は1990年代前半の東シベリアヤクーチアの調査で本種をたびたび採集していた。特に北緯72°の東シベリアのチクシで採集した(1992年7月16日，標本は北大収蔵)のはよい思い出である。これはラン科植物の世界最北限産地のひとつである。こんなこともあり，北千島の調査でも本種の採集をひそかに狙っていたのだが，結局私はみつけられず米国隊のSemsrottにしてやられた。それにしても多人数の国際共同調査では探索する目が多くなるので，希少植物も結構みつかるものである。

ハクサンチドリは千島列島でのラン科植物の普通種であり，各所でよくみた。品種とされるウズラバハクサンチドリ(図3)やシロバナハクサンチドリ(図4)にもたびたび出会った。北海道で出会う頻度より多い印象で，1集団の個体

図1 ネジバナ 2000年8月8日，ウルップ島にて。

数が限られる北方の島集団では突然変異が固定しやすいのではないか，などとも考えた。

アツモリソウは北海道でも産地は限られ，千島列島でも生育状況を気にしていた種のひとつである。これまで千島列島では国後島，択捉島，

第4章 千島列島のラン　45

図2　チシマサカネラン　パラムシル島7月，ワシントン大学植物標本庫所蔵

46　第Ⅰ部　ランの多様性

図3　ウズラバハクサンチドリ　2000年7月25日，パラムシル島にて。

図 4　シロバナハクサンチドリ　2000 年 7 月 27 日，オネコタン島にて。

図5　アツモリソウ　1997年8月9日，シュムシュ島にて．

ウルップ島で比較的多く標本が採られているが，私は2000年8月にウルップ島の北東に位置する小島ブラットチルポイ島の海岸段丘上の草原でみつけた。このような小島には予想していなかったので興奮した。またこれに先立つ1997年8月には北千島のシュムシュ島の海岸砂丘上の草原でも採集している（図5）。昔は道東の沿岸草原にアツモリソウが結構あったというし，礼文島のレブンアツモリが生えるところもまさにこのような立地環境である。長期の海外調査は夏休み期間にしか行けないため，開花期が6月と早いアツモリソウの花はいずれの調査においてもみることができなかったが，それは望み過ぎというものだろう。今改めて千島列島の島々を歩いた日々を思い返すと，夢のなかの出来事だったようにも思う。

引用文献

Barkalov, V. Yu. 2009. Flora of the Kuril Islands. Dalnauka, Vladivostok.

高橋英樹．2015．千島列島の植物．北海道大学出版会，札幌．

第 II 部
ランの適応戦略

シュンラン Cymbidium goeringii / 船迫吉江・画

第Ⅱ部扉：ツチアケビ Cyrtosia septentrionalis / 船迫吉江・画

第5章　ランの適応進化シンドローム

高橋英樹

「シンドローム」とは広辞苑(新村, 2008)では「症候群」とだけあり，極めてそっけない。『生物学辞典』(八杉ほか, 1996)では症候群(syndrome)の説明として「種々の病理的状態において，ある症候と同時に一群のかなり定型的な症候を伴っているとき，これを統一的にみる場合をいう。ひとつの症候群に属する諸症候は，その基本的原因を同じくするものとみられる。」とあり，元々はメタボリックシンドローム，ロコモティブシンドロームなど医学的にあまり望ましくない状態について使われることが多い。しかし最近ではさらに敷衍されてピーターパンシンドローム，チャイナシンドロームなど社会現象にも拡大使用されている。一般に好ましくない一連の事態に対して使われることが多いが，ここではラン科において広くみられる，子孫をより多く残すために進化した一連の連関した適応現象・適応形質について，「適応進化シンドローム」(図1)という用語を用いる。

生物の形質は個々に独立して進化するわけでなく，複数の形質が相関して進化することで「より適応的」になることがある。またひとつの形質の変化が他形質の適応進化の引き金になることもある。ラン科においてみられるさまざまな形態的・機能的・生態的適応形質は相互に絡み合い，互いの引き金となり全体が1セットとして進化したと考えると個々の形質の適応的意義もわかりやすく理解することができる。

ラン科の特徴のひとつとして，すべての種が多年草であることが挙げられる。種子が小型で普通は胚が未分化のままで子葉が形成されず，発芽の栄養となる胚乳もない。このような貧栄養状態の微粉種子(図2)が発芽して，1年以内に次の世代(種子)を形成するための開花に至るまで植物体を成長させるのは難しいことだろう。それでは微粉種子が形成されるためのきっかけ，引き金は何だったのだろう。とりあえず1子房内に形成される胚珠(種子の前身)の数が異常に多くなることが前提条件だったのではないか。一般にラン科の種子は1果実内に数万〜数百万個含まれている。1果実を形成するために植物体が使えるエネルギーには限度があるので，多

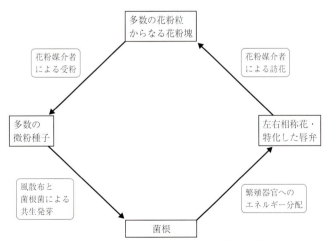

図1　ラン科植物の適応進化シンドロームにおける適応形質とその間を連関させ駆動させる構成要素や要因

図2 ラン科レブンアツモリソウ蒴果内の多数の微粉種子　2013年11月15日，礼文島にて。

数の種子を生産するためには1種子あたりに使うエネルギーを極小化する必要があり，その結果，小型のふけのような少数細胞からなる微粉種子が形成されることになったのだろう。

多数の胚珠を受精させて多数の種子を形成するには，多数の花粉粒が効率よく柱頭に運ばれる必要がある。ラン科のなかの多数種が含まれるエピデンドルム亜科とオルキス亜科では，葯のなかの多数の花粉粒が合体して花粉塊をつくるのが大きな特徴となっている。1果実あたりに種子が数万〜数百万個あるとされるので，1花あたりの花粉塊を構成する花粉粒数もそれにみあうくらいはあると推定される。表面がさらさらしており1個1個がばらばらになる花粉粒は風媒に適しているが，このような風任せの花粉粒ならば1果実あたりこれだけ多数の胚珠を1度で全部受精させることはできない。一方で，花粉粒同士が合体してひとつの塊をつくった場合は，確実な花粉媒介昆虫により花粉塊が1回だけ運ばれれば，数万〜数百万の花粉粒が一度に柱頭まで運ばれることとなる。もちろん相手はある程度の学習能力がある昆虫で，パートナーとなる植物を認識して再現性のある行動をとる必要がある。

このためにラン科の花はさまざまな形・色・香りで，多様な昆虫（ミツバチ，ジガバチ，ガ，チョウ，ハエ）を花粉媒介者として誘引する。普通の単子葉植物と同様に花部器官は3数性だが正面からみると左右相称となり，ヒトの顔のようでもある。多くの場合，子房部分で180°捩れた横向きの花に下向きについた花弁の1枚は，他の2枚の側花弁とは形や色で明瞭な違いを示すことが多く，唇弁（リップ）と呼ばれる。それは3片に裂けたり，基部が距となって管状に伸長したり全体が袋状に変形したりする。またさまざまな色合いや模様・斑点をもち，表面に肉質の隆条をもったり有毛になったりする。一般的に唇弁は訪花昆虫の着陸デッキとして機能し，また送粉者の動きを方向づけるための視覚的・触覚的なきっかけを提供している。有能で飛翔能力の高い昆虫を誘引するためには，このような花が必須だったのだろう。

花はさまざまな芳香（ときには腐肉のような異臭）を発することでやはり花粉媒介者を誘引している。いくつかのランは何にでも訪れる花粉媒介者（ジェネラリスト）を誘引するが，多くの種は特殊化し，対応するただ1種あるいは数種の花粉媒介者を誘引する。媒介者の報酬としては花蜜，花油，花の香りなどが利用されるが，ある花（*Cypripedium* など）は媒介者を騙して

何の報酬も与えず，また *Ophrys* や *Cryptosty-lis* のある種はミツバチ，ジガバチ，ハエなどの雌の形や匂いに擬態して，雄がランの花を雌個体と間違えて交尾しようとする行動を利用して花粉塊の受け渡しを行わせる（偽交尾現象）。花粉塊は花粉媒介者の体に付着し，媒介者が次の花を訪問することで，違う花の柱頭（通常は蕊柱の下側の窪み）に花粉塊が付着され，他家受粉が成立する。ある種のランでは受粉はかなり稀な現象であり，そのため花は何日も機能的で目立ち続けるが，受精したらすぐに花被片は萎れ始める。

多数の小型のほこりのような微粉種子は通常風散布される。種子の散布は花粉粒と違って風任せである。栄養分をもたない微粉種子の発芽のためには，地中の菌根菌から供給される栄養分が必要となる。しかし菌根菌は土壌に均等に分布しているわけではなく，菌ごとに好む土壌環境が異なる。また樹木の根に感染する外生菌がランの菌根菌となっている例もある。こうなると周辺に生えている樹木の種類にも菌根菌の局所分布は影響を受ける。結果，あるランの種子発芽にとって必要な菌は，親株の周辺に不均一に分布していることが多いだろう。このため効率は悪くても数打てばあたる方式で，多数の小型の種子を風散布する方法しかなかったのだろう。

このようにして，ランの左右相称で魅力的な花と有能な花粉媒介昆虫，昆虫に媒介される花粉塊，受精される多数の微粉種子，そして微粉種子と菌根菌との共生，という複数形質の「連関の輪」が繋がることになる。このように「虫や菌」とのパートナーシップ・共生関係を築いて生き抜いてきたラン科植物は，自然植生が健全に維持されている限りは安泰だった。

しかし人間が過大な生産活動・経済活動を行うことにより，この土台となる自然植生が変容されつつある。あるラン科植物種の適応形質の「連関の輪」を回す生態系の構成要素（種特異的な花粉媒介者や菌根菌）に負の影響を与えるような変化が起これば，たちまちその輪は回らなくなりラン絶滅の危機が迫る。ラン科植物の適応進化シンドロームを理解しそれが維持されるよう援助しない限り，自然植生のなかで野生ランの保護活動をうまく行うことはできない。

残念ながら日本のなかでこのような適応進化シンドロームが明らかにされている野生ランは，レブンアツモリソウなどごく一部の種に限られている。絶滅危惧種のランを自然のなかで永続的に保全するためには，ラン科植物を巡る生物共生系，自然生態系の構成種の生態研究の蓄積が求められているのである。

引用文献

新村出（編）．2008．広辞苑（第6版）．岩波書店，東京．

八杉龍一・小関治男・古谷雅樹・日高敏隆．1996．岩波生物学辞典（第4版）．岩波書店，東京．

54　第Ⅱ部　ランの適応戦略

種子発芽後数年とみられるレブンアツモリソウの若齢2個体（©高橋英樹）　左上が2葉段階，右下が1葉段階。2011年6月12日，礼文島船泊レブンアツモリソウ管理地内にて。

第6章　ランの花の多様なかたち
――"虫のまなざし"が創り出した最高傑作――

杉浦直人

"Orchids exhibit an almost endless diversity of beautiful adaptations"　　Charles Darwin (1862)

　ランの花はとりわけ多彩で美しい。人々はその花を眺め，色や形を愛でる。しかし，ランの花を前にしたチャールズ・ダーウィンのまなざしは，もっぱらその"機能美"に向けられていたようだ。彼は，いかにランの花々が花粉媒介者による他花受粉を実現するためにふさわしい適応的な形状を備えているかを明らかにすることで，自然選択がどれくらい優れた仕事をなし得るのかを世の人々に示した(Darwin, 1862, 1877)。

　そもそもランの花は人々の目を楽しませるために咲くのではない。その目的は花粉媒介者(主に昆虫)を使って花粉を他の花まで運ばせ，受粉させる，つまり自分の遺伝子を次世代に伝える子(種子)を残すことにある。したがって，鮮やかな花色も心地よい花香も呼び寄せたい昆虫に対して花の在処を伝える切実な"メッセージ"である。いろいろな花の形は花粉媒介者が花上で望ましい行動や姿勢をとるよう仕向けるための"仕掛け"である。ランの花はどれも左右相称で，萼片と花弁を各3枚もつ。花弁のうちの1枚はたいてい他の2枚とは形状が大きく異なるため，「唇弁」と呼ばれて区別される。雄蕊(雄しべ)と雌蕊(雌しべ)は合着して「蕊柱」を形成する。花粉粒は集合して「花粉塊」を形成し，それが花を訪れた花粉媒介者の体表に付着して運ばれる。ラン科ではこういった花の基本体制が忠実に守られているにもかかわらず，実にさまざまな形状の花が進化し，その比

類なき多様性には目を見張るものがある(Endress, 1994)(図1)。実際，ランの仲間は被子植物のなかで最も多彩で，特殊化の著しい複雑な花粉媒介システムをもつ分類群とされている(Micheneau et al., 2010)。いったいどんな選択圧が作用してそれらの花々が創り出されたのだろう？

　それを解くカギは，すでに少し触れた「花粉媒介者との関わり」にある。各花の"かたち"(＝大きさ・色・形・香りなど)がもつ意味を正しく読み解くには，まず花粉媒介者を特定したうえで，花の形状が花粉媒介者のどんな生理・生態・形態的特性に対する適応なのかを調べ，明らかにする必要がある。本章では，ランの花の"かたち"に隠された機能を花粉媒介者である「虫の視点」で探るとともに，「花粉媒介という観点」から昆虫の訪花活動がもつ意味も見直しながら，ランの花と昆虫との関わりについて解説する。眺めているだけではなかなか気がつかない，"虫とのかけひき"を通して洗練されてきたランの花の機能美に目を向けることで，植物のしたたかな営みを知って頂けたらと思う。また，研究対象としてのランの花がもつ「見て美しく，観て面白い！」という魅力についても，何か感じとって頂けたならばとてもうれしい。

呼び寄せたいのは？ ―― 花粉媒介者の種類
　昆虫(外顎綱)は30の目(order)に分類されている。そのうち，ランの主要な花粉媒介者として知られているのは，①甲虫目(ハナムグリやコメツキ，カミキリなど)，②鱗翅目(アゲハやスズメガ，メイガなど)，③双翅目(ハナアブやク

図1 さまざまなランの花 A：コケイラン *Oreorchis patens*（ハナアブ媒花），B：キエビネ *Calanthe striata*（ハナバチ媒花），C：ボウラン *Luisia teres*（甲虫媒花），D：シコウラン *Bulbophyllum macraei*（おそらくハエ媒花），E：オオヤマサギソウ *Platanthera sachalinensis*（ガ媒花），F：ベニシュスラン *Goodyera biflora*（おそらくハナバチ媒花），G：ホテイアツモリソウ *Cypripedium macranthos macranthos*（ハナバチ媒花），H：カクチョウラン *Phaius tankervilleae*（ハナバチ媒花）

図2　分類群の階級

ロバエ，キノコバエなど），そして④膜翅目（マルハナバチやクロスズメバチ，ベッコウバチなど）の4群だけである．しかし，どの目にも行動・形態・生活史などが異なる分類群（科 family・属 genus・種 species）（図2）が複数含まれ，その実態はとても多彩である．たとえば，同じガの仲間であっても，飛翔能力に優れ，停止飛翔もできるスズメガと必ずしもそうではないメイガやヤガ，ともに膜翅目に属しながらも長い口吻をもち，体が長毛で覆われたマルハナバチと短い口吻しかもたず，体毛の短いクロスズメバチ，あるいは特定の季節にしか花を訪れないヒメハナバチと冬以外は訪花活動を続けるミツバチといった具合である．4目のうち，ランの花粉媒介昆虫として最も重要なのはハナバチを主とする膜翅目で，自動自花受粉しないラン全種の60％がハチ媒花(van der Pijl and Dodson, 1966)，あるいは58％がハナバチ媒花(Peter and Johnson, 2013)と推定されている．

　ハナバチ（花蜂）とは，その名が示すとおり，成虫も幼虫も食物を花に完全依存しているハチの仲間である．雌バチは卵を産み放しにせずに巣を造り，巣室に幼虫の食料として花粉と花蜜を貯蔵する．そのため，営巣中の雌は熱心に花粉と花蜜を集めてまわる（図3）．一方，雄バチは交尾することが唯一の仕事で，いっさい子の養育には関わらない．そのため，花粉を集める必要もなく，基本的に自己維持（と探雌活動）だけのために訪花する．したがって，大多数のハナバチ媒花における花粉媒介者は雌バチである．しかし，ラン科では雄バチだけを花粉媒介者とする分類群も知られている．この興味深い花粉媒介様式については後述する（65～68ページ）．

　インド洋の火山島モーリシャス島とレユニオン島の固有種 *Angraecum cadetti* は花香を放って夜行性の *Glomeremus orchidophilus*（コロギス科）を呼び寄せ，花蜜を与える代わりに花粉媒介の役目を課す(Hugel et al., 2010; Micheneau et al., 2010)．コロギスのような「直翅目（バッタやコオロギなどが属する分類群）」に花粉媒介を依存する被子植物は現在までのところ，このラン以外には知られていない．

　ラン科ではたいていどの種でも花粉媒介者の

図3　ハナバチの採餌と貯食　A：黄色の花粉荷をつけたハンゴンヒメハナバチ *Andrena denticulata seneciorum* の雌．B：コハナバチの1種 *Lasioglossum* sp. の巣室内に貯蔵された花粉団子と卵（©宮永龍一）

範囲が「目」以下の分類群に限られている(図2参照)(どのようにして限定されるかその仕組みについては，次項以降で解説)。そのため，マルハナバチ属2種 *Bombus hypnorum* および *B. remotus*（膜翅目）とクロバエの1種 *Calliphora vomitoria*（双翅目）の両方によって花粉媒介されるアツモリソウの1種 *Cypripedium flavum* の四川個体群(Zheng et al., 2011)のように，同じ生育地において目の異なる昆虫2種がともに花粉媒介者である事例はまさに例外中の例外である。

呼び寄せるには？── 花色と花香の役割

上記したように，ラン科の虫媒花は多かれ少なかれ特定の昆虫群に専門化しているため，花粉媒介者以外の訪花は迷惑でしかない。ランの花は，他の虫媒花植物と同様に，花粉媒介者の視覚特性によく適合した花色(表1)を有することで，他の昆虫が訪花する機会を減じ，受粉が効率的に達成されるよう進化をとげてきた。つまり，花色は花粉媒介者を呼び寄せるという「誘引」の役目を果たすとともに，訪花者の「選別」にも大なり小なり貢献している。

Disa uniflora というランは赤色の大きな花を咲かせ，蜜を求めて訪花する *Aeropetes tulbaghia*（ジャノメチョウ科）によって花粉が媒介される(Marloth, 1895)(図4)。いろいろな色の人工花モデルを用いた実験から，このチョウは赤色を好むことが明らかにされており(Johnson and Bond, 1994)，ランがその選好性を巧みに利用していることは間違いない。また，訪花昆虫の多

図4 *Disa uniflora* を訪花中の *Aeropetes tulbaghia* (©Steve D. Johnson) 脚にいくつも花粉塊を付着させている。

くは赤色を認識できない(または赤色に対して鋭敏ではない)ため，花を赤くすることには花粉媒介者以外の訪花を減らす効果もあるのだろう。なお Johnson and Bond(1994)によると，南アフリカのフィンボス植生(fynbos)でみられるラン・ヒガンバナ・ベンケイソウ・アヤメの各科に分類される計8属20種もの赤色花植物がこのチョウだけに花粉媒介を依存しているという。

これまで花色について述べてきたのと同様のことは花香についてもいえる。ランは花粉媒介者の嗅覚特性によく適合した花香を有すること

表1 花粉媒介者と花色・花香との関係(van der Pijl, 1960, 1961 などをもとに作成)

花粉媒介者	典型的な花色	典型的な花香
甲虫(ハナムグリ，カミキリなど)	多様だが，たいてい地味	果実臭
腐食性甲虫や菌食性ハエ	紫〜褐色，あるいは緑	腐敗臭あるいはキノコ臭
ハナアブ	多様	多様
ハナバチ	多様(ただし赤を除く)	多様
スズメガ	白，あるいは淡色〜緑	甘い芳香
チョウ	赤，黄，あるいは青	甘い芳香

図5 フウランを訪花するコスズメ（©末次健司）

図6 マメヅタラン属の花粉媒介者（©Poh Teck Ong）
A：*Bulbophyllum lasianthum* の花序を訪れたクロバエ（多くの個体の胸背に花粉塊が付着している）、B：*B. haematostictum* の花を訪れたニクバエの1種 *Liopygia ruficornis*（やはり花粉塊を背負わされている）

で、必要な相手だけに花の存在を効果的にアピールできる（表1）。富貴蘭とも称され、古来より栽培されてきたフウラン *Vanda falcata* は、日が暮れると甘い香り（主成分は香水にも使われるリナロールや安息香酸メチルなど；Kaiser, 1993）を放つようになる。するとその香りに導かれてコスズメ *Theretra japonica* やキイロスズメ *T. nessus* が花に飛来する（図5）。スズメガは花の前で巧みに停止飛翔しながら口吻を花に挿入し吸蜜するが、その最中に花粉塊が口吻に付着する（Suetsugu et al., 2015）。対照的に、*Bulbophyllum lasianthum* などマメヅタラン属の仲間には、臭い匂いを発し、腐肉や汚物に集まるクロバエ科やニクバエ科のハエを誘引して花粉媒介するものが知られている（Ong and Tan, 2011）（図6）。

呼び寄せたなら！── 報酬と花形の役割

表2は、花色や花香を駆使して呼び寄せた花粉媒介者に対し、ランの花が提供する報酬の一覧である。ラン科では花蜜が最も一般的な報酬形質だが、それ以外にもいろいろな資源が花粉媒介者に提供されることがみてとれる。また、それらの多くが営巣・貯食習性をもつハナバチとの関わりを通して進化してきたこともわかる（杉浦, 1999）。具体的には、食物資源として花蜜、花粉、柱頭液、花油（floral oil）、唇弁表面の毛茸（trichome）/偽花粉（pseudopollen）が、巣材資源としてワックス状/ヤニ状分泌物（wax-like/resin-like secretions）が花粉媒介者に提供され、それら以外にも雌を誘う際に用いられる化学物質（性フェロモン素材）や、巣をもたない雄バチに対し越夜場所を提供するラン（図7）さえも存在する。このうちの毛茸/偽花粉については、ハナバチが花粉塊を花粉源として利用できないことが、その"まがいもの"を進化させた背景にあるのかもしれない（Davies and Turner, 2004）。

花油を唯一の報酬とする *Disperis* 属のランでは、それぞれの種が *Rediviva* 属（ケアシハナ

図7　*Serapias* 属の花　この属のランは筒孔状の花を咲かせ，それを越夜場所としてハナバチに提供することで花粉媒介をおこなう。しかし例外的に *S. lingua* だけは性的擬態によって花粉を媒介させる。A：*Serapias lingua*（©竹内久宜），B：*S. cordigera*（©谷亀高広）

表2　ランの花が花粉媒介者に提供する報酬

報酬	用途	利用者 （花粉媒介者）	実例
花粉[1]	食物	ハナバチ（営巣雌）	*Cleistes divaricata* and *C. bifaria*（Gregg, 1991）
花蜜	食物	多様	*Glomeremus orchidophilus*（Micheneau et al., 2010），フウラン（Suetsugu et al., 2015），サイハイラン（Sugiura, 1996a），カキラン（Sugiura, 1996b）
花油[2]	食物・巣材	ハナバチ（営巣雌）	*Pterygodium dracomontanum* and *P. cooperi*（Waterman et al., 2011）
毛茸／偽花粉[3]	食物？	ハナバチ（営巣雌）	*Maxillaria* 属の一部の種（Singer and Koehler, 2004）
柱頭液	食物	ハナバチ（働きバチ）[4]	*Dactylorhiza fuchsii*（Dafni and Woodell, 1986）
ワックス状／ヤニ状分泌物	巣材	ハナバチ（営巣雌）	*Maxillaria* 属の一部の種（Singer and Koehler, 2004）
花香成分	性フェロモン素材	ハナバチ （シタバチ族の雄）	*Coryanthes* spp.（Dodson, 1965）
	性フェロモン素材 （および被食防衛[5]）	ミバエ（雄）	*Bulbophyllum cheiri*（Nishida et al., 2004；西田, 2009）
越夜場所	睡眠	ハナバチ（特に雄）[6]	*Serapias vomeracea*（Dafni et al., 1981）

[1] 通常は，花粉塊から花粉粒を採取することはできないため，花粉を報酬とするランは非常に稀。
[2] モノヒドロキシ脂肪酸のモノグリセリドとジグリセリド（Endress, 1994）。
[3] 偽花粉とは，蛋白質／澱粉を含有する粉状物質で，みかけが花粉に似る。毛茸と偽花粉の両方を含めた一般的呼称は food hairs（Davies, 2009）。
[4] マルハナバチ属2種とセイヨウミツバチ *Apis mellifera*（Dafni and Woodell, 1986）。
[5] 性フェロモン素材のメチルオイゲノールは脊椎動物に対し毒性を示す（Wee and Tan, 2001；西田, 2009）。
[6] 出生巣から羽脱したオスは，その後，植物体上や閉鎖空間内で越夜する（杉浦, 1998）。

バチ科)の1種ないし2種によってのみ花粉媒介される(Steiner, 1989)。この事例に象徴されるように，花油やワックス状/ヤニ状分泌物といった特殊な報酬をもつことは，それ自体が花粉媒介者の範囲を限定する効果をもつ。一方，いろいろな昆虫にとって魅力的な花蜜を報酬とする場合には，とりわけ花蜜へのアクセスを制限し，無駄な消費を未然に阻止するための仕組みが必要となる。そのため，蜜を分泌するランは花粉媒介者のみが吸蜜できるような特別な花の形/構造を備えていることが多い。たとえば，マダガスカル島の固有種 *Angraecum sesquipedale*(図8A)では，長さが28〜32 cmにも達する距(唇弁の一部によって形成された管状部)の先端部に花蜜が貯えられている(Nilsson, 1988)。そのため，この花蜜にアクセスできるのは著しく長い口吻をもつ昆虫だけに限定される。実際，吸蜜目的で訪花し，花粉を媒介するのは最大長25 cmにも達する口吻をもつキサントパンスズメ *Xanthopan morgani praedicta*(スズメガ科)(図8B)だけである(Nilsson, 1988)。ガの口吻は距よりも少し短いが，これはガがその口吻を完全に距のなかに挿入して吸蜜するよう仕向けるためである。そうすることで，口吻の基部が距の入口の上方に位置する葯/柱頭と強く接触する。こういった細長い距をもつ花形態は，前出のフウランやサギソウ *Pecteilis radiata*(Suetsugu and Tanaka, 2014; Ikeuchi et al., 2015)などの他の鱗翅目媒花でも多数採用されている。さらに細長い形状の花は長吻の双翅目や膜翅目を花粉媒介者とするランにもみられ，細長い管の最奥部に蜜を隠すことの有効性がうかがえる。ただ，いつも植物の思惑どおりに事が運ぶわけでない。サイハイラン *Cremastra variabilis*(図9A)では蕊柱と唇弁が組み合わさることで約2 cm長の花管を形成し，その最奥部に蜜を隠している。花粉

図8 *Angraecum sequipedale* とその花粉媒介者　A：著しく長い距をもつ花(©竹内久宜)，B：花粉媒介者のキサントパンスズメ(©橋本佳明)

図9　サイハイラン　A：花，B：口吻を突き刺し盗蜜中のキムネクマバチ

媒介者はトラマルハナバチ *Bombus diversus* の女王バチで，ハチはその長い口吻を花管に挿しこみ吸蜜する (Sugiura, 1996a)。ところが，短吻のキムネクマバチ *Xylocopa appendiculata circumvolans* は花管の基部にその口吻を突き刺して蜜を飲んでしまう（図9B）。こういったハチの"盗蜜行動"を目のあたりにすると，花と昆虫の間にみられる win-win の相互関係も，花は受粉のため，昆虫は採餌のためにと，それぞれ利己的にふるまった結果でしかないことを再認識させられる。

　生物進化の観点からみると，特定の花粉媒介者に対する花の専門化はランの生殖隔離と多様化を促す駆動因のひとつとみなせる。あるランの花粉媒介者の生息状況が地理的に不均一な場合，一部の地域では花粉媒介者の不足がもとで受粉の失敗が頻繁に生じるかもしれない。そのような状況下では，花粉媒介能力を備えた別の昆虫分類群を誘引できる開花個体が自然選択上，有利となるだろう。そういった花粉媒介者の変更は同一種のランのなかに2つの生態型を生じさせ，最終的には新しい種の誕生（種分化）へと至るかもしれない。イエバエやニクバエ，ハナバチ，ガやチョウといった異なる昆虫群（さらには鳥類）を花粉媒介者とする *Satyrium* 属のランでは，そういった花粉媒介者の変更によって種分化が生じた結果，現在みられる多様な花の"かたち"と花粉媒介システムが進化してきたと考えられている (Johnson, 1997; van der Niet et al., 2011)。また，そのような多様化は同一種の花粉媒介者を"分割利用"することでも生じ得る。たとえば，互いに近縁な *Pterygodium dracomontanum* と *P. cooperi* の2種のランは，いずれも花油を求めて訪花する *Rediviva neliana*（ケアシハナバチ科）だけによって花粉が媒介されるが，前種の花粉塊はハチの前脚，後種のそれは後脚に付着する。このことから両種は花の"かたち"の違いを反映した花粉塊の付着部位の違いがもとで種分化したと推測される (Waterman et al., 2011)。

　ところで，そもそも Waterman らの研究の主眼は「花粉媒介者との共生」や「菌との共生」がランの種の多様化にどう関与したのかを解明することにあった。彼らは南アフリカ産 Coryciinae 亜族のランにおける近縁種の間では，互いに「花粉媒介者の種」あるいは「花粉塊の付着部位」が異なるが，共生菌パートナーは違わない傾向のあることを明らかにした。このことは，現在みられるラン科における比類なき種の多様性が主として花粉媒介者との関わりを通じて創出されてきた可能性を示唆する。

だますためには？──ニセ信号の役割

　実は，ラン科全種のおよそ1/3に相当する

6,500〜10,000種が「だまし受粉(deceptive pollination)」をおこなうとされている(Ackerman, 1986)。これほど多数のだまし受粉種が含まれる科は他に知られていない(Renner, 2006)。だまし受粉とは，花粉媒介者の採餌活動や繁殖活動(雄の探雌行動・雌の産卵行動)などで用いられる各種の手がかり/情報を植物が盗用することによって，花蜜などの報酬を提供することなく，受粉達成をめざすという様式である。上述したように多数のランがこのだまし受粉の様式を採っていることから，だまし受粉はランという植物が示す際立った特性のひとつとみなせる。また，多くの研究者が強い関心を寄せている事項でもある。そのため，紙面を多めに割いて解説したい。

　ランが花粉媒介者をあざむくやり方は何通りもあるが，一番多いのは花蜜や花粉の採取が期待できそうな"立派な花"を咲かせて昆虫の採餌本能に訴えるという方法(generalized food deception, Steiner, 1998)(以下 GFD)である。このGFDとは，"報酬花の一般的な外観をもとにした詐欺"という意味あいである。たとえば，ナリヤラン *Arundina graminifolia* は誰もが思い浮かべる"ランの花"のイメージに近い，とても美しい花を咲かせる(図10)。西表島のある自生地では，その見た目にだまされて鱗翅・双翅・膜翅の3目に属するおよそ30種もの昆虫が花を訪れていた。しかし花蜜がないため，訪花者が得るものは何もない。花粉媒介に利用されていたのはツチバチ・ドロバチ・コハナバチ・ハキリバチ・ミツバチの各科に属する計6種で，とりわけヤエヤマキバラハキリバチ *Megachile yaeyamaensis* とタカオルリモンハナバチ *Thyreus takaonis* が大きく貢献していた(Sugiura, 2014)。

　GFDの成立を可能とするその詳細な仕組みについてはまだ十分に明らかにされていない。これまでGFDは羽化後/越冬後まもない，あるいは他所から移動してきたばかりの，いわゆ

図10　ナリヤランの花

る「採餌経験の乏しい個体」に対してもっぱら機能すると考えられてきた(Little, 1983; Dafni, 1986)。しかし採餌経験を積んだ個体もだまされることが明らかとなり，GFDの成立には採餌個体の「特定の花色に対する先天的な好み」または「地域植生で優占する報酬花の色に対する連合学習(たとえば，赤紫の有蜜花を咲かせる種を多数含む植生では，花蜜−赤紫色の関連づけが強化され，ハチが赤紫の無蜜花にだまされやすくなるなど)」が必要らしいとの推察もなされている(Peter and Johnson, 2013)。

　GFD型のだまし受粉とは違って，他種の報酬花(モデル)に姿形を似せて昆虫をだますランも存在する(花擬態 floral mimicry)。たとえば，前出のジャノメチョウの1種 *A. tulbaghia* だけに花粉媒介を依存する *Disa ferruginea* では，地域によって赤色または橙色の無蜜花を咲かせる。ランの赤色花と橙色花の分光反射率パターン(400〜700 nmの範囲)はそれぞれ同所的に生

育する *Tritoniopsis triticea*(アヤメ科)の赤色の有蜜花または *Kniphofia uvaria*(ツルボラン科)の橙色花のそれと非常によく似ていた。そのため，ランとアヤメが混生している場所では，チョウはそれらの無蜜花と有蜜花を区別できずに訪れていた。また，ランの受粉成功度の指標となる稔実率(fruit set；咲いた花のうち，蒴果を稔らせたものの割合)はアヤメと混生する場所の方がラン単独の生育場所よりも高い値を示した。以上の結果より Johnson(1994)は，*D. ferruginea* が花粉媒介者の利用する蜜源植物に対し花擬態していると結論した。

ラン科における花擬態には花粉媒介者が用いる嗅覚情報(情報化学物質)を模倣した事例が多いという特徴がある。これは花粉媒介者となる昆虫が視覚情報に加え，あるいはそれ以上に同種他個体由来のフェロモン(種内ではたらく情報化学物質)や植物由来のアレロケミカル(種間ではたらく情報化学物質)などを用いて餌や異性個体を探索したり，産卵に適した場所を探したりと，さまざまな活動をおこなうためである。一般に情報化学物質は特定の受信者に向けられた信号であるため，必然的にそれぞれのランが呼び寄せる花粉媒介者の範囲は限定され，花粉媒介者がたった１種のしかも特定の性別個体だけという事例も決して珍しくない。一方，ランの側が擬態利用する情報化学物質にはさまざまな昆虫分類群がいろいろな局面で使用するものが含まれることから，花擬態の様式自体は極めて多様化している。以下にその一端を記す。

ショウジョウバエが用いる情報化学物質に擬態：ヤツシロランの１種 *Gastrodia similis* は傷んだ果実の香りに似た花香をもち，産卵場所を探しているショウジョウバエの１種 *Scaptodrosophila bangi* を誘引し，一時的に花のなかに閉じ込めることで花粉媒介をおこなう(Martos et al., 2015)。同様のだまし受粉は日本産のヤツシロラン類(*Gastrodia* spp.)でも知られている(末次・加藤，2014)(図11)。

植物の放つアレロケミカルに擬態：緑葉がイモムシ・ケムシに食われると，その食痕(傷口)から揮発成分(緑葉の香り green-leaf volatiles，以下 GLVs)が放たれる。この GLVs は植物が身を守るためにイモムシなどの天敵である捕食寄生蜂(寄生した寄主昆虫を最終的に死に至らしめるハチ)を呼び寄せるために発せられる。カキランの仲間である *Epipactis helleborine* と *E. purpurata* は GLVs とよく似た花香を放つことでイモムシなどを狩るクロズズメバチ属２種 *Vespula germanica* と *V. vulgaris* を呼び寄せ，花粉媒介に従事させる(Brodmann et al., 2008)。

アブラムシの警報フェロモンに擬態：*E. veratrifolia* という別種のカキランでは，幼虫

図11 アキザキヤツシロラン *Gastrodia confusa*(©和田求司)　A：開花株，B：花粉塊を背負ったショウジョウバエの１種

がアブラムシ食のハナアブによって花粉が媒介される。本種の花からはアブラムシの放つ警報フェロモンと類似した花香が出ており，これが産卵場所となるアブラムシ・コロニーを探索中の雌アブを花へと誘引する(Stökl et al., 2011)。ハナアブは(アブラムシがいないにもかかわらず)しばしば花に卵を産みつける。同様の産卵行動は日本産のカキラン *E. thunbergii* でも確認されている(Sugiura, 1996b)。

なお，上記したカキラン属3種はいずれも花蜜を分泌する。しかし，ここでは花粉媒介者がだまされて訪花する過程を重視して「だまし受粉」の範疇に含めた。

ミツバチの集合フェロモンに擬態：3-HOAAと10-HDAという2つの化学成分の混合物はニホンミツバチ *Apis cerana japonica*（トウヨウミツバチの日本亜種）の集合フェロモンとして機能すると考えられている。キンリョウヘン *Cymbidium floribundum* はその3-HOAAと10-HDAを含む花香を放つことで，働きバチだけでなく雄バチや女王バチ，さらには分蜂群！さえも呼び寄せて花粉媒介に従事させる(Sasaki et al., 1991；菅原，2013)（図12）。なぜこのランがハチの"群れ"を誘引するのかについて菅原(2013)は，蜂群内の温度が36℃にも達することから「分蜂時期の春，夜間から明け方に低温となる東南アジア高地において蜂群が花を覆

図12 キンリョウヘンの花序に集結したニホンミツバチの分蜂群(©菅原道夫)

い尽くせば，その暖房効果によって受精花の子房発育が促進されるのではないか」と推察している。なお最近，ハナカマキリ *Hymenopus coronatus* の若虫がその大顎腺から3-HOAAと10-HDAを放出し，トウヨウミツバチを捕獲するという生態が明らかにされた(Mizuno et al., 2014)。カマキリがランの花とまったく同じ情報化学物質を使って「ミツバチを呼び寄せていた」とは驚きである。

ハナバチの性フェロモンに擬態：*Ophrys sphegodes* は *Andrena nigroaenea*（ヒメハナバチ科）の雄によって花粉媒介される。このランは雌が発する性フェロモンによく似た花香を放つことで雄を呼び寄せ，雌バチを想起させる色模様の唇弁を提示し着地を促す(Schiestl et al., 1999; etc.)。着地した雄は唇弁に対し腹端を押し当て交尾を試みる（偽交尾 pseudocopulation）。すると，蕊柱の先端部がハチの顔面と接触して花粉塊が付着する（図13）。

最後に紹介した昆虫の雄を誘惑して花粉媒介させる様式は「性的だまし(sexual deception)」または「性的擬態(sexual mimicry)」と呼ばれ，ほぼラン科(400種；Cozzolino and Widmer, 2005)だけに限ってみられる（ラン以外ではキク科 *Gorteria diffusa* とアヤメ *Iris* 属 *Oncocyclus* 節の種で報告があるのみ；Ellis and Johnson, 2010; Vereecken et al., 2012）。性的擬態をおこなうランのなかにはコガネムシやキノコバエの仲間の雄を花粉媒介者とするものもあるが，大多数は膜翅目を利用する。それら膜翅目のなかには，ハナバチ以外にもハバチの仲間(Pergidae)や捕食寄生性のヒメバチやコツチバチ，あるいはカリバチと総称されるベッコウバチやアナバチなど，花粉媒介者としてあまり馴染みのないものが多数含まれる。また，マルハナバチなどの社会性膜翅目が少ないことも特徴のひとつかもしれない。ただし，キバハリアリの1種 *Myrmecia urens* の有翅雄，いわゆる"翅アリ"に花粉媒介を完全依存するラン *Leporella fimbriata*

図13 *Ophrys sphegodes*　A：花（©谷亀高広），B：偽交尾を試みる *Andrena nigroaenea* の雄（©F. P. Schiestl）

(Peakall, 1989)が存在することは特筆に値する。

　上記したように，性的擬態のランでは一般に花粉媒介者の雄が雌を模した唇弁に対し偽交尾する。例外的に *Cryptostylis* 属の花粉を媒介するヒメバチの1種 *Lissopimpla excelsa* では，雄が花上で射精し(Gaskett et al., 2008)，本当の交尾行動となんら違いがない。一方，雄の"交尾前"行動を花粉媒介に利用する *Drakaea* 属のようなランも存在する。その花粉媒介者はコツチバチの仲間（コツチバチ科の Thynninae 亜科）で，雌に翅がないという特徴がある。雄バチは無翅雌に擬態した唇弁から発せられる花香と視覚的な刺激に反応し訪花する。唇弁に止まった雄がその"ニセの雌"を抱きかかえて飛び立とうとすると，その力で唇弁が動き，ハチが蕊柱の先端に打ちつけられる（胸背に花粉塊が付着する）(Peakall, 1990)（図14）。なお *Trigonidium obtusum* (Singer, 2002)と *Pterostylis sanguinea* (Phillips et al., 2014)では，いずれも一時的に雄を花内に閉じ込める点が他の性的擬態す

るランとは異なっている。

　残念ながら，性的擬態をおこなうランがどのようにして出現したのか，その進化的な起源に関しては未だよくわかっていない。それでも，これまでに性的擬態が①何らかの前適応を経て進化してきた可能性と②新規花香成分の進化が重要な役割を果たしてきた可能性が指摘されている。以下それぞれの仮説に関する研究について簡単に記す。

　仮説①：Schiestl et al. (1999) は前出の *O. sphegodes* とその花粉媒介者 *A. nigroaenea* の化学生態学的な調査を実施した。彼らは性フェロモンが雌バチの体表に存在すること，また唇弁表面からの抽出物がその性フェロモンとほぼ同じ複数の成分から構成され，しかも各成分の相対比までも酷似することをみいだした。実際，唇弁抽出物は雌の体表抽出物と同じくらい頻繁に雄バチの反応を誘起した。興味深いことに，それらの行動活性成分はなんら特異的な物質ではなく，植物体の表面を覆うクチクラ炭化水素

図14 *Drakaea glyptodon* の花とその花粉媒介者（©Rod Peakall） A：雌バチに擬態した唇弁とコツチバチの1種 *Zaspilothynnus trilobatus* の雌の比較（茎先など風通しのよい場所に静止した雌はフェロモンを発し，雄バチの飛来を待つ），B・C：花粉媒介の過程（唇弁を雌と誤認した雄バチがその"ニセの雌"を抱えて飛び去ろうとすると，その力によって唇弁が動く．するとハチの胸背が蕊柱の先に打ちつけられて花粉塊が付着する）

にも微量含まれているものであった．これらの知見から彼らは，*O. sphegodes* では植物組織からの水分消失を阻止するためのクチクラ炭化水素に含まれる化学成分の存在が前適応となり，その相対的な組成比が変化した結果，雄バチだけを特異的に誘引する新機能が生じたという仮説を提唱した．

Vereecken et al.(2012)は，*Serapias* 属のランとアヤメ属の *Oncocyclus* 節，および *Ophrys* 属のランの3分類群を対象にして花粉媒介者の行動観察，花香・花色分析，分子系統解析をおこない，そのうちの *Serapias* 属と *Oncocyclus* 節では花粉媒介様式が越夜場所を提供するやり方から性的擬態（図7）へと変更された系統のあることを発見した．その知見をもとに，越夜場所を提供して雄バチを誘引する様式を前適応として偽交尾をともなう性的擬態が進化する可能性を示唆した．

仮説②：Bohman et al.(2014)は，*Drakaea glyptodon* の花香と花粉媒介者であるコツチバチの1種 *Zaspilothynnus trilobatus* の性フェロモンの両方にピラジン（pyrazines）が含まれていることを発見した．*Drakaea* 属に近縁な多様な分類群の花香成分を調査してみたところ，ピラジンを含む分類群はほぼ皆無だった．また現在までのところ，ピラジンが植物において何か特

定の機能を担っているという報告もみあたらなかった。これらのことから，彼らは性的擬態の様式が新規の化学成分を獲得することによっても生じ得る可能性を示唆した。

　性的擬態に限らずだまし受粉をおこなうランの稔実率は，花蜜など報酬を与えるランに比べて有意に低いことが知られている（図15）。たとえば，無報酬花を咲かせる130種のランの稔実率（平均±標準偏差）は20.7±1.7%だったのに対し，報酬花を咲かせる84種のそれは37.4±3.2%であった（Tremblay et al., 2005）。これは，無報酬花を訪れてしまった花粉媒介者がその経験を速やかにそれ以降の訪花／探雌活動に反映させ，無報酬花そのものや性的擬態ランの生育場所を回避するからである（Stoutamire 1967;

図15　無蜜花を咲かせるナリヤランの稔実状況　開花は最下部に位置する花から始まり，上に向かって進んでいく。この花序では最初に咲いた花は受粉に成功したが，それ以降の5花は受粉に失敗したことがみてとれる。

Wong and Schiestl, 2002; Wong et al., 2004）。それでは，どうしてかくも多数のランがだまし受粉をおこなって種子を残そうとするのだろう？　この疑問に対する答えとしてこれまでにいくつもの仮説が提唱されてきたが（Jersáková et al., 2006），定説と呼ぶべきものはないらしい。現在最も有力な仮説は自家受粉の回避（他家受粉の促進）のために無報酬（無蜜）花が進化したというものである。すなわち，花蜜を分泌してしまうと花粉媒介者が同じ花序に留まって同一茎上の花々を連続的に訪れてしまう。すると，隣花間での自家受粉が増えてしまうため，それを回避するよう無蜜花が進化したと考える。ただし，この仮説は花粉媒介者が豊富な状況下でしか成立しないかもしれない。花粉媒介者の個体数が少なく，めったに受粉が成功しない状況下では，たとえ種子の品質低下（自家受粉由来の種子）が頻発するにしても，花蜜を分泌することで花の魅力を増強して種子生産の向上をめざす戦略の方が自然選択上，有利となるからだ（Johnson et al., 2004）。Jersáková et al.(2006)は，報酬花と無報酬花のどちらを咲かせる戦略が有利となるかは状況依存的であり，ラン科における無報酬花の進化がどれかひとつの仮説によって説明されることはないと述べている。

おわりに

　社会生物学の始祖として知られるエドワード・O. ウィルソンは1984年に"Biophilia"を著し，ヒトには生物多様性に関心を抱く内的性向があることを指摘した。

"われわれ人間は，幼いころから，自発的に人間や他の生き物に関心を抱く。生物と生命をもたないものを見分けることを学び，街灯に引き寄せられる蛾のように，生命に引き寄せられていく。目新しさや多様性は特に好まれる"
『バイオフィリア』（狩野秀之訳，1994年平凡社刊）

　ランに限らず花の"かたち"が示す多様性は，

この「生命好き」というヒトの性向に強く訴える事象の典型ではないだろうか。この小文を読んでくださったみなさんが今度どこかで花をみかけたとき，覗きこんでみたり，触れてみたりしたくなったとしたら，この小文を書いた甲斐が少しはあったというものである。

　野外で何日も調査を続けていると，感覚が鋭くなり，直感もよくはたらくような気がする。そんな状態でランの花と向き合っていると，突然これまで目の前にありながらまったくみえていなかった事象にはっと気がつき，その喜びでにわかに高揚する瞬間がある。そんなささやかだけれども自分なりの発見を積み重ねてきたせいか，いつの頃からか「枯れている花も美しい」と感じるようになった。きっと，たとえ実を稔らせることができなかったとしても，精一杯咲き続けたということに思いがおよぶようになったからだと思う。私たちが目にする現生のランの花々は，いずれも気の遠くなるような年月をかけて昆虫のお眼鏡にかなうよう繰り返し自然選択によって洗練されてきた"最高傑作"である。その選りすぐりの美に隠された秘密をこれからも解明していきたいとこの小文を書き終えた今，あらためて強く感じている。

謝　辞

　高橋英樹教授（北海道大学）には執筆の機会を与えて頂いたことに加え，拙稿に対しても有益なコメントを賜った。深謝の意を表したい。また，橋本佳明（兵庫県立人と自然の博物館），Steve D. Johnson（University of KwaZulu-Natal），宮永龍一（島根大学），Poh Teck Ong（Forest Research Institute, Malaysia），Rod Peakall（Australian National University），Florian P. Schiestl（University of Zürich），末次健司（神戸大学），竹内久宜（高知県香美市），菅原道夫（神戸大学），和田求司（東京都），谷亀高広（国立科学博物館）の皆様からは貴重な写真を御提供頂いた。ここに明記し，心より御礼申し上げる。

引用文献

Ackerman, J. D. 1986. Mechanisms and evolution of food-deceptive pollination systems in orchids. Lindleyana, 1: 108–113.

Bohman, B., Phillips, R. D., Menz, M. H. M., Berntsson, B. W., Flematti, G. R., Barrow, R. A., Dixon, K. W. and Peakall, R. 2014. Discovery of pyrazines as pollinator sex pheromones and orchid semiochemicals: implications for the evolution of sexual deception. New Phytologist, 203: 939–952.

Brodmann, J., Twele, R., Francke, W., Hölzler, G., Zhang, Q. H. and Ayasse, M. 2008. Orchids mimic green-leaf volatiles to attract prey-hunting wasps for pollination. Current Biology, 18: 740–744.

Cozzolino, S. and Widmer, A. 2005. Orchid diversity: an evolutionary consequence of deception? Trends in Ecology and Evolution, 20: 487–494.

Dafni, A. 1986. Floral mimicry-mutualism and unidirectional exploitation of insects by plants. In Juniper, B. and Sothwood, R. (eds.). Insects and the plant surface, pp. 81–90. Edward Arnold, London.

Dafni, A. and Woodell, S. R. J. 1986. Stigmatic exudate and the pollination of Dactylorhiza fuchsii (Druce) Soo. Flora, 178: 343–350.

Dafni, A., Ivri, Y. and Brantjes, N. B. M. 1981. Pollination of Serapias vomeracea Briq. (Orchidaceae) by imitation of holes for sleeping solitary male bees (Hymenoptera). Acta Botanica Neerlandica, 30: 69–73.

Darwin, C. 1862. On the various contrivances by which British and foreign orchids are fertilized by insects, and on the good effects of intercrossing. John Murray, London.

Darwin, C. 1877. The various contrivances by which orchids are fertilized by insects (2nd ed.). D. Appleton and Company, New York.

Davies, K. L. 2009. Food-hair form and diversification in orchids. In Kull, T., Arditti, J. and Wong, S. M. (eds.). Orchid biology: reviews and perspectives, X, pp.159–184. Springer Science + Business Media B. V., New York.

Davies, K. L. and Turner, M. P. 2004. Pseudopollen in Eria Lindl. section Mycaranthes Rchb. f. (Orchidaceae). Annals of Botany, 94: 707–715.

Dodson, C. H. 1965. Studies in orchid pollination. The genus Coryanthes. American Orchid Society Bulletin, 34: 680–687.

Ellis, A. G. and Johnson, S. D. 2010. Floral mimicry enhances pollen export: the evolution of pollination by sexual deceit outside of the Orchidaceae. American Naturalist, 176: E143-E151.

Endress, P. K. 1994. Diversity and evolutionary biology of tropical flowers. Cambridge University Press, Cambridge.

Gaskett, A. C., Winnick, C. G. and Herberstein, M. E. 2008. Orchid sexual deceit provokes ejaculation. American Naturalist, 171: E206-E212.

Gregg, K. B. 1991. Defrauding the deceitful orchid: pollen collection by pollinators of *Cleistes divaricata* and *C. bifaria*. Lindleyana, 6: 214-220.

Hugel, S., Micheneau, C., Fournel, J., Warren, B. H., Gauvin-Bialecki, A., Pailler, T., Chase M. W. and Strasberg, D. 2010. *Glomeremus* species from the Mascarene islands (Orthoptera, Gryllacrididae) with the description of the pollinator of an endemic orchid from the island of Réunion. Zootaxa, 2545: 58-68.

Ikeuchi, Y., Suetsugu, K. and Sumikawa, H. 2015. Diurnal skipper *Pelopidas mathias* (Lepidoptera: Hesperiidae) pollinates *Habenaria radiata* (Orchidaceae). Entomological News, 125: 7-11.

Jersáková, J., Johnson, S. D. and Kindlmann, P. 2006. Mechanisms and evolution of deceptive pollination in orchids. Biological Reviews, 81: 219-235.

Johnson, S. D. 1994. Evidence for Batesian mimicry in a butterfly-pollinated orchid. Biological Journal of the Linnean Society, 53: 91-104.

Johnson, S. D. 1997. Insect pollination and floral mechanisms in South African species of *Satyrium* (Orchidaceae). Plant Systematics and Evolution, 204: 195-206.

Johnson, S. D. and Bond, W. J. 1994. Red flowers and butterfly pollination in the fynbos of South Africa. *In* Arianoutsou, M. and Groves, R. H. (eds.). Plant-animal interactions in Mediterranean-type ecosystems, pp. 137-148. Kluwer Academic Publishers, Dordrecht.

Johnson, S. D., Peter, C. I. and Ågren, J. 2004. The effects of nectar addition on pollen removal and geitonogamy in the non-rewarding orchid *Anacamptis morio*. Proceedings of the Royal Society B, 271: 803-809.

Kaiser, R. 1993. The scent of orchids: olfactory and chemical investigations. Elsevier Science Publishers BV, Amsterdam.

Little, R. J. 1983. A review of floral food deception mimicries with comments on floral mutualism. *In* Jones, C. E. and Little, R. J. (eds.). Handbook of experimental pollination biology, pp. 294-309. Van Nostrand Reinhold, New York.

Marloth, R. 1895. The fertilization of *Disa uniflora* Berg. by insects. Transactions of the South African Philosophical Society, 7: 74-88.

Martos, F., Cariou, M. -L., Pailler, T., Fournel, J., Bytebier, B. and Johnson, S. D. 2015. Chemical and morphological filters in a specialized floral mimicry system. New Phytologist, 207: 225-234.

Micheneau, C., Fournel, J., Warren, B. H., Hugel, S.,

Gauvin-Bialecki, A., Pailler, T., Strasberg, D. and Chase, M. W. 2010. Orthoptera, a new order of pollinator. Annals of Botany, 105: 355-364.

Mizuno, T., Yamaguchi, S., Yamamoto, I., Yamaoka, R. and Akino, T. 2014. "Double-trick" visual and chemical mimicry by the juvenile orchid mantis *Hymenopus coronatus* used in predation of the oriental honeybee *Apis cerana*. Zoological Science, 31: 795-801.

van der Niet, T., Hansen, D. M. and Johnson, S. D. 2011. Carrion mimicry in a South African orchid: flowers attract a narrow subset of the fly assemblage on animal carcasses. Annals of Botany, 107: 981-992.

Nilsson, L. A. 1988. The evolution of flowers with deep corolla tubes. *Nature*, 334: 147-149.

西田律夫．2009．昆虫と植物の共存：花の香りを介した相互の適応戦略．昆虫科学が拓く未来（藤崎憲治・西田律夫・佐久間正幸編），pp.191-220．京都大学学術出版会，京都．

Nishida, R., Tan, K. H., Wee, S. L., Hee, A. K. W. and Toong, Y. C. 2004. Phenylpropanoids in the fragrance of the fruit fly orchid, *Bulbophyllum cheiri*, and their relationship to the pollinator, *Bactrocera papaya*e. Biochemical Systematics and Ecology, 32: 245-252.

Ong, P. T. and Tan, K. H. 2011. Fly pollination in four Malaysian species of *Bulbophyllum* (Section *Sestochilus*) — *B. lasianthum*, *B. lobbii*, *B. subumbellatum* and *B. virescens*. Malesian Orchid Journal, 8: 103-110.

Peakall, R. 1989. The unique pollination of *Leporella fimbriata* (Orchidaceae): pollination by pseudocopulating male ants (*Myrmecia urens*, Formicidae). Plant Systematics and Evolution, 167: 137-148.

Peakall, R. 1990. Responses of male *Zaspilothynnus trilobatus* Turner wasps to females and the sexually deceptive orchid it pollinates. Functional Ecology, 4: 159-167.

Peter, C. I. and Johnson, S. D. 2013. Generalized food deception: colour signals and efficient pollen transfer in bee-pollinated species of *Eulophia* (Orchidaceae). Botanical Journal of the Linnean Society, 171: 713-729.

Phillips, R. D., Scaccabarozzi, D., Retter, B. A., Hayes, C., Brown, G. R., Dixon, K. W. and Peakall, R. 2014. Caught in the act: pollination of sexually deceptive trap-flowers by fungus gnats in *Pterostylis* (Orchidaceae). Annals of Botany, 113: 629-641.

van der Pijl, L. 1960. Ecological aspects of flower evolution. I. Phyletic Evolution. Evolution, 14: 403-416.

van der Pijl, L. 1961. Ecological aspects of flower evolution. II. Zoophilous flower classes. Evolution, 15: 44-59.

van der Pijl, L. and Dodson, C. H. 1966. Orchid flowers: their pollination and evolution. University of Miami Press, Coral Gables.

Renner, S. S. 2006. Rewardless flowers in the angiosperms and the role of insect cognition in their evolution. *In* Waser, N. M. and Ollerton. J. (eds.).

Plant-pollinator interactions: from specialization to generalization, pp. 123-144.. University of Chicago Press, Chicago.

Sasaki, M., Ono, M., Asada, S. and Yoshida, T. 1991. Oriental orchid (*Cymbidium pumilum*) attracts drones of the Japanese honeybee (*Apis cerana japonica*) as pollinators. Experientia, 47: 1229-1231.

Schiestl, F. P., Ayasse, M., Paulus, H. F., Löfstedt, C., Hansson, B. S., Fernando Ibarra, F. and Francke, W. 1999. Orchid pollination by sexual swindle. Nature, 399: 421-422.

Singer, R. B. 2002. The pollination mechanism in *Trigonidium obtusum* Lindl (Orchidaceae: Maxillariinae): sexual mimicry and trap-flowers. Annals of Botany, 89: 157-163.

Singer, R. B. and Koehler, S. 2004. Pollinarium morphology and floral rewards in Brazilian Maxillariinae (Orchidaceae). Annals of Botany, 93: 39-51.

Steiner, K. E. 1989. The pollination of *Disperis* (Orchidaceae) by oil-collecting bees in southern Africa. Lindleyana, 4: 164-183.

Steiner, K. E. 1998. The evolution of beetle pollination in a South African orchid. American Journal of Botany, 85: 1180-1193.

Stökl, J., Brodmann, J., Dafni, A., Ayasse, M. and Hansson, B. S. 2011. Smells like aphids: orchid flowers mimic aphid alarm pheromones to attract hoverflies for pollination. Proceedings of the Royal Society of London B, 278: 1216-1222.

Stoutamire, W. P. 1967. Flower biology of the lady's-slippers (Orchidaceae: *Cypripedium*). Michigan Botanist, 6: 159-175.

末次健司・加藤真．2014．菌従属栄養性の生活様式を可能にした様々な適応進化―特に送粉様式の変化について．植物科学最前線，5：93-109．

Suetsugu, K. and Tanaka, K. 2014. Diurnal butterfly pollination in the orchid *Habenaria radiata*. Entomological Science, 17: 443-445.

Suetsugu, K., Tanaka, K., Okuyama, Y. and Yukawa, T. 2015. Potential pollinator of *Vanda falcata* (Orchidaceae): *Theretra* (Lepidoptera: Sphingidae) hawkmoths are visitors of the long spurred orchid. European Journal of Entomology, 112: 393-397.

菅原道夫．2013．キンリョウヘンがニホンミツバチを誘引する物質の解明．比較生理生化学，30：11-17．

Sugiura, N. 1996a. Pollination biology of *Cremastra appendiculata* var. *variabilis* (Orchidaceae). Plant Species Biology, 11: 185-187.

Sugiura, N. 1996b. Pollination of the orchid *Epipactis thunbergii* by syrphid flies (Diptera: Syrphidae). Ecological Research, 11: 249-255.

杉浦直人．1998．ハナバチはどうやって眠るか．インセクタリゥム，35：68-73．

杉浦直人．1999．ハナバチの「心」を知り尽くした花たち．遺伝，53(11)：27-32．

Suigura, N. 2014. Pollination and floral ecology of *Arundina graminifolia* (Orchidaceae) at the northern border of the species' natural distribution. Journal of Plant Research, 127: 131-139.

Tremblay, R. L., Ackerman, J. D., Zimmerman, J. K. and Calvo, R. N. 2005. Variation in sexual reproduction in orchids and its evolutionary consequences: a spasmodic journey to diversification. Biological Journal of the Linnean Society, 84: 1-54.

Vereecken, N. J., Wilson, C. A., Hötling, S., Schulz S., Banketov, S. A. and Mardulyn, P. 2012. Pre-adaptations and the evolution of pollination by sexual deception: Cope's rule of specialization revisited. Proceedings of the Royal Society B, 279: 4786-4794.

Waterman, R. J., Bidartondo, M. I., Stofberg, J., Combs, J. K., Gebauer, G., Savolainen, V., Barraclough, T. G. and Pauw, A. 2011. The effects of above- and belowground mutualisms on orchid speciation and coexistence. American Naturalist, 177: E54-E68.

Wee, S. L. and Tan, K. H. 2001. Allomonal and hepatotoxic effects following methyl eugenol consumption in *Bactrocera papayae* male against *Gekko monarchus*. Journal of Chemical Ecology, 27: 953-964.

Wilson, E. O. 1984. Biophilia. Harvard University Press, Cambridge. エドワード　O.ウィルソン．1994．バイオフィリア―人間と生物の絆(狩野秀之訳)．平凡社，東京．

Wong, B. B. M. and Schiestl, F. P. 2002. How an orchid harms its pollinator. Proceedings of the Royal Society B, 269: 1529-1532.

Wong, B. B. M., Salzmann, C. and Schiestl, F. P. 2004. Pollinator attractiveness increases with distance from flowering orchids. Proceedings of the Royal Society B, 271: S212-S214.

Zheng, G., Li, P. and Pemberton, R. 2011. Mixed bumblebee and blowfly pollination of *Cypripedium flavum* (Orchidaceae) in Sichuan, China. Ecological Research, 26: 453-459.

キエビネ 花の美しさもさることながら，洗練された花の仕組みを知った身には，種子散布を終えた実の枯姿さえ美しいと思える。

カクチョウラン A：こんな枯花にさえ，なんとなく華やいだ雰囲気を感じてしまうのは，きっとこの花の子房が膨らみ始めているからだろう。B：種子をまき散らす大きな実は，なんとなく誇らしげにみえる。

アマミエビネ 亜熱帯の森の中，ハチの来訪を待つ。こういう風景がいつまでも健在であってほしいものだ。

第7章　レブンアツモリソウの花生物学

杉浦直人

　稚内市の沖合約 60 km の日本海に礼文島はある。ウニやホッケ，コンブなどの水産資源に恵まれた，北海道でも北端に位置する島である。そこは「花の浮き島」としても知られており，原生花園に咲く色とりどりの花をみようと毎年多くの人々が島を訪れる。特に 5～6 月の人々のお目あてはこの島にしか生育していないレブンアツモリソウ *Cypripedium macranthos* var. *rebunense* である。草丈の割に大きな白色～淡白黄色の花を咲かせる地生ランの仲間である（図1）。このレブンアツモリソウは，その希少性に加え園芸的な価値も有することから，過去に大規模な盗掘を受けた歴史がある。『環境省レッドリスト 2015』(http://www.env.go.jp/press/files/jp/28075.pdf)では「絶滅危惧 IB 類」に区分されている。現在，島の北部地域に 2 か所の保護区が設定され，そのうちの鉄府保護区では一角に遊歩道が整備され，開花期には誰でも間近で自生のレブンアツモリソウを観賞できる。

　私たちは，レブンアツモリソウ保護増殖事業に参画されていた故・井上健教授（信州大学）に声をかけて頂き，1999 年からレブンアツモリソウの繁殖生態を調査する機会に恵まれた。以後，2013 年までの計 15 年間にわたり，毎年礼

図1　レブンアツモリソウ（©藤江雄俊）

文島を訪れ，調査を継続してきた。本章では，その間に得られた新たな生物学的知見の一端を紹介する。これによってレブンアツモリソウの開花から受粉を経て稔実に至る過程はもちろんのこと，レブンアツモリソウと他の生物との関わりにも関心をもって頂ければ幸いである。そしてレブンアツモリソウに限らず絶滅危惧植物を保全するには，その植物をただ増殖するのではなく，保全対象植物をめぐる生物間相互作用に着目し，その関わりを維持していくことがいかに重要か，そのことについても理解が深まることを期待したい。

花粉媒介者

レブンアツモリソウは，他の多くのランと同じく，自家和合性(self-compatible；自家受粉であっても稔実し，種子ができる性質)だが，みずから受粉して種子を残す能力はない，つまり花粉媒介者による手助けが不可欠な種である(Sugiura et al., 2001)。そこで 2000 年にレブンアツモリソウの訪花昆虫相を調査したところ，甲虫・双翅・鱗翅・膜翅の 4 目に属する計 16 種の訪花を確認したが，粘性に富む花粉の塊(以下，花粉粘液と表記)を体に付着させていたのはニセハイイロマルハナバチ *Bombus pseudobaicalensis*(ミツバチ科)の女王バチ(以下，ニセハイと略記)だけだった(Sugiura et al., 2001)(図2)。

保護区およびその近辺にはエゾヒメマルハナバチ *B. beaticola moshkarareppus*(ヒメマル)，エゾオオマルハナバチ *B. hypocrita sapporoensis*(オオマル)，トラマルハナバチ *Bombus diversus*(トラマル)の 3 種の女王バチもみられた。そこで，ニセハイ以外のマルハナバチ(および他の大型ハチ類)も花粉媒介者なのか否かを明らかにするため，2004～2013 年の 10 年間分の目撃記録($n=2,283$)を整理し，花粉粘液を付着させた個体に関する 86 回分のデータを抽出した。目撃記録の内訳をみると，73 回(84.9%)がニセハイ，11 回(12.8%)がヒメマル，残り 2 回はオオマルとキオビホオナガスズメバチ *Dolichovespula media media* だった。それらのうち，付着個体が毎年記録されていたのはニセハイだけだった。トラマルでは花粉粘液を付着させた個体が一度もみられなかった($n=265$)。以上の結果から，レブンアツモリソウはマルハナバチ媒花で，その主要な花粉媒介者はニセハイの女王バチと考えられる。自生地には女王バチが潜り込めないような小さな花もみられる。しかし，それらも日を追うごとにその幅と長さが増大していき，1 週間もすれば女王バチも入れるサイズに達する(興味深いこ

図2　レブンアツモリソウ花粉粘液を胸背に付着させたニセハイイロマルハナバチの女王バチ A：大量の花粉粘液を付着させた個体(唇弁に雨水の溜まった花を訪れたせいで，ずぶ濡れになっている)，B：付着量の少ない個体(胸背の状態から付着花粉の多くを柱頭に届けた履歴が読みとれる)

とに唇弁の深さは継時変化しない。また開花初日に小さかった唇弁ほど，その幅の増加率が高い）(Sugiura and Yumiyama, 2016)。

　唇弁内にニセハイ以外の女王バチを強制的に導入すると，その胸背に花粉粘液を付着させて花外に出てくる(Sugiura et al., 2001)。したがって，オオマルやトラマルも花粉媒介者として機能しうる。では，どうしてもっぱらニセハイだけが花粉媒介者となるのだろう？　その理由は定かではないが，マルハナバチ種間での「体サイズの違い」と「個体数の多寡」がその主因かもしれない。図3はマルハナバチ属4種の標本写真である。一見して花粉媒介者のニセハイとヒメマルが他の2種よりも小型であることがわかる。このような種間差をより具体的に検討するため，頭幅や体長など5つの体部位に関する測定データを用いて主成分分析をおこなったところ，ヒメマル＜ニセハイ＜トラマル＜オオマルという大小関係が認められた（データ略）。花粉媒介システムについては次項で述べるが，レブンアツモリソウに対するマルハナバチの訪花行動を「花への接近」「着花」「唇弁内への潜入」「唇弁からの脱出」の4段階に分けて記録したデータを整理したところ，オオマルもニセハイとほぼ同頻度でレブンアツモリソウの花に接近するが，通常は唇弁に潜入せずに飛び去ってしまうことが判明した。すなわち，ニセハイでは花への接近を計18回観察し，そのうちの15回は花に着地した。さらに15回のうちの10回で唇弁に潜入するのを観察した。一方，オオマルの花への接近は計16回観察されたが，そのうちの9回は花に着地することなく飛び去った。また花に着地した場合でも結局一度も唇弁内には潜入しなかった（7回）。なお，トラマルとヒメマルの訪花記録はそれぞれ4回と1回で，明らかに訪花頻度が他の2種よりも低く，いずれの種も唇弁内に潜入しなかった。上述したようにオオマルは計7回着花したが，そのうちの少なくとも2回は唇弁内に潜入しようとしたり入口を覗きこんだりする行動をとった。また，トラマルでも上述した計4回のうちの1回で入口を覗きこむ行動が観察された。さらにレブンアツモリソウと同サイズの唇弁をもつ礼文島産ホテイアツモリソウソウ *Cypripedium macranthos* var. *macranthos*（花粉媒介者はニセハイ）を訪花したオオマルにおいても同様な行動が観察された(Suigura and Takahashi, 2015)。着花したのにハチが潜入しない理由は想像にまかせるしかないが，観察時の印象では体の大きなオオマルとトラマルが入口穴からすんなり中に入るのは難しいと感じた（同じことを唇弁内にハチを強制潜入させたときにも感じた）。

　もうひとつの候補要因である個体数については，レブンアツモリソウ自生地およびその近辺

図3　礼文島産マルハナバチ属4種の女王バチ　左よりエゾヒメマルハナバチ，ニセハイイロマルハナバチ，トラマルハナバチ，エゾオオマルハナバチ

における10年間(2004～2013年)の総目撃回数を種ごとに求めてみると，オオマル(1,247回)＞ニセハイ(571回)＞トラマル(265回)＞ヒメマル(200回)という結果になった。このオオマルとニセハイが他の2種よりも優占するという傾向は毎年一貫していた(データ略)。また，前述したようにヒメマルとトラマルが花を訪れる頻度は明らかに低かった。

以上の結果から，①小型種のニセハイとヒメマルは特に困難なく唇弁内に潜入できるため，花粉媒介者となりやすい。ただし②ヒメマルは個体数が少ないため，主要な花粉媒介者にはなりえないことが示唆される。個体数が少ない種ではその訪花頻度が低くなることは自明であるし，花粉媒介者の体サイズと唇弁サイズとの適合性については他のアツモリソウ属の花でもこれまで繰り返し指摘されてきた(Stoutamire, 1967; Nilsson, 1979; Bernhardt and Edens-Meier, 2010; Edens-Meier et al., 2011)。

上記した「体サイズや個体数の種間差」以外にも，礼文島のニセハイには先天的にレブンアツモリソウなどの白色系の花を選好する習性があるのかもしれない。しかし，レブンアツモリソウの開花期間中，ニセハイの女王バチは特に黄色のセイヨウタンポポ *Taraxacum officinale* を好んで訪花していた(図2B)。また，夏から秋に出現するニセハイの働きバチも白色系に偏ることなくさまざまな花色の植物で採餌していた。

だまし受粉と花形態の機能

他のアツモリソウ類と同じく，レブンアツモリソウの花には蜜がなく花粉も粘性に富み採取できないため，本種は「だまし受粉」をおこなうとみなせる。マルハナバチがそのような無蜜花を訪れてしまう理由は少なくともふたつあると考えられる(Sugiura et al., 2001, 2002)。

理由①：女王バチは冬越しから目覚めたばかりで採餌経験がまだ乏しく，どの植物の花が有蜜か十分に学習できていないのかもしれない。体毛が黄味がかったニセハイは越冬明け間もない個体と考えられるが，花粉粘液を付着させた女王バチのなかにはそのような個体が実際に含まれていた(図2B)。また，それら女王バチは後脚に花粉荷(pollen load)をもっていなかったことから，まだ営巣(育仔)を開始していないとみなせた。そのため，あわただしく花粉・花蜜を大量に採取する必要もないので，報酬花と無報酬花をあえて峻別しないのかもしれない。

理由②：レブンアツモリソウはしばしば同所的に生育するネムロシオガマ *Pedicularis schistostegia*(ハマウツボ科)という蜜源植物とほぼ同時期に花を咲かせる(図4)。両種の花の形状はまったく異なるが，しばしば隣り合う株が同

図4　ネムロシオガマとの混生(B：©藤江雄俊)

図5　ハチの眼でみたときのレブンアツモリソウ(上段)とネムロシオガマ(下段)の花色の類似性(Sugiura et al., 2002；Springer-Verlag より転載許可を得て掲載)　ハチの三原色(緑・青・紫外線)それぞれの光波長のみを通すフィルターをつけて撮影した写真を示す。いずれの種でも緑と青の波長成分を強く反射する一方、紫外線は吸収していたことから、ハチの眼には両者がよく似た花色にみえると考えられる。

じ高さに花を咲かせ、しかもそれらはヒトだけでなく、ハチの眼からもほぼ同じにみえる花色をもつ(図5)。そのためにニセハイは誤ってレブンアツモリソウの花を訪れてしまうのかもしれない(ネムロシオガマで採餌中のオオマルも、誤ってレブンアツモリに訪花しかけることがあった)。実際、ネムロシオガマ花上で花粉粘液を付着させたニセハイをこれまで何度も確認している。いま述べたような花擬態はアツモリソウ属ではレブンアツモリソウ以外に報告例がなかったが、最近カナダ産のアツモリソウ *Cypripedium parviflorum* が *Packera paupercula*(キク科)に花擬態していることを示唆する論文が発表された(Catling, 2015)。

　図6Aはレブンアツモリソウの唇弁を真上からみたときのものである。唇弁の中央に大きな開口部があり、蕊柱(図6B)と組み合わさっている唇弁の基部にも小穴がふたつ形成されている。花に降り立ったマルハナバチは開口部から唇弁の中に入り、内部で探索/休止したりした後、どちらか片方の小穴から抜け出てくる(以下それぞれ「入口(穴)」「出口(穴)」と表記)。この脱出過程で花粉が媒介される。出口に向かうハチは柱頭の下を、出口穴から抜け出す直前に葯の下を必ず通過しなければならない(図6C)。まず、葯の下を通過する際にハチの胸背に花粉粘液が付着する(図7)。花から脱出後、このハチが別の花を訪れ、そこで前述したのと同じ行動をとれば、柱頭の下を通過する際に胸背上の花粉粘液が擦りとられて受粉が成立する。

　レブンアツモリソウの唇弁は、いうなれば一時的に花粉媒介者を拘束するための"膨らんだ袋"である。しかし、たんなる袋では決してない。前章(68ページ)で記したように、無報酬花に対する花粉媒介者の訪花頻度は低い。そのため、いったん花粉媒介者が唇弁に入ったならば、その逃亡を阻止して花粉媒介へと向かわせ

図6 花の構造　A：真上からみた唇弁（大きな入口穴と小さなふたつの出口穴がみてとれる），B：蕊柱（葯の表面は黄色の花粉粘液で覆われている。ザラザラした柱頭表面は花粉粘液を確実に擦りとるための形状である），C：花の断面（出口より花外に出るには，柱頭と葯の下を通過する必要があることがわかる）

たい。レブンアツモリソウ唇弁には長い年月を経て洗練されてきたであろう，そのための形状がいくつも認められる（Sugiura and Yumiyama, 2016）。以下にそれらを列記する。

ハチの逃亡を阻止する仕組み：①入口穴から入ったハチがそこから再び逃亡しないよう，入口の両縁には「折り返し（図6Cや図7Aを参照）」がついている。②入口穴の直径よりも唇弁幅をずっと広くすることで，ハチが入口穴の真下にくる機会を減じる。③前記したように，開花後に唇弁の幅と長さは増加するが高さ（深さ）は変化しない。これは，高さを必要以上に増加させないことで，ハチが唇弁内壁に寄りかかって（入口穴のある）真上を向かないようにするため

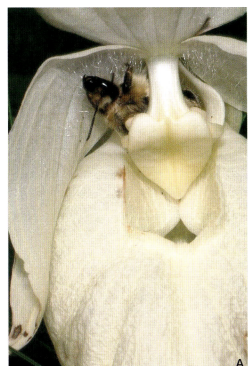

図7 花粉粘液の付着過程(Sugiura et al., 2001；日本植物学会より転載許可を得て掲載) A：脱出を試みるニセハイイロマルハナバチ(葯がハチの胸背と強く接触している)，B：胸背に花粉粘液を付着させ，花外に出た同個体

である。

ハチを出口に誘導する仕組み：①唇弁は開花初日にたとえ水平であったとしても(図1や図11を参照)，日を経るにしたがい次第に下向きに傾いていく。唇弁の先を下げれば，「負の重力走性」によって常にハチが唇弁の基部(出口方向)を向くからだ(もしも水平に保った唇弁にハチを入れると，唇弁の先に向かう行動が生じる)。②唇弁をある程度，横広にしながらも全体としては縦長にすることで，唇弁内のハチによる縦方向の動きを増やし出口に向かわせる。③出口穴近くには色素の抜けた透明な「窓」があり(図8)，正の走光性を利用してハチを出口方向へと導く。④出口に向かう唇弁内面の経路に多くの毛を生やし(図6c)，足場を整備することで，ハチが自然と出口に向かうよう仕向ける。さらに，⑤カラフトアツモリソウ *Cypripedium calceolus* を調査した Nilsson(1979)によれば，唇弁内面に生える毛からは分泌物が出ており，それがハチ体表に付着することで，グルーミング行動が誘起される。その結果，唇弁内に閉じ込められて高揚したハチの気分が鎮まるという。かなり擬人的な見解と感じられるかもしれないが，レブンアツモリソウにおいても同様なハチの行動がしばしば観察されたことから，実際にそのような機能が備わっている可能性は十分にある。なお上記の「折り返し」と「窓」については，その役割を疑問視する見解も発表されている(Daumann, 1968)。

招かざる訪花者

いかにレブンアツモリソウ唇弁が機能的にデザインされているかおわかり頂けただろうか。ところで，レブンアツモリソウの花にはその機能を台なしにする迷惑者も訪れる(ただし，駆除を要するほどのダメージを与えることはない)。代表的なものとして，陸産貝類(オカモノアラガイ *Succinea lauta* とホンブレイキマイマイ

図8 唇弁の「窓」 破線でかこまれた部分

Karafthelix blakeana），コマチグモの1種 *Chiracanthium* sp., テングハマキ *Sparganothis pilleriana* の幼虫が挙げられる（図9A〜C）。陸産貝類は唇弁に穴をあけてしまったり，花粉粘液を食べてしまったりする。Sugiura et al.(2001)は唇弁内のニセハイが何者かによってあけられた穴から逃げ出たことを報告したが，その穴は陸産貝類によるものであった可能性が高い。陸産貝類があけた穴から花粉媒介者が逃亡する現象はカラフトアツモリソウでも報告されている（Nilsson, 1979）。コマチグモの1種は背萼片を使って唇弁入口を覆い，塞いでしまう（昼間は唇弁内に潜み，夜間に活動するらしい）。すると花粉媒介者が唇弁内に潜入できなくなり，花は花粉媒介の機会を完全に失う（実際に稔実しないことを確認，データ略）。ブドウなどの害虫として知られるテングハマキ幼虫は葯／花粉を食べてしまったり柱頭に穿孔するなど，繁殖器官を直接加害する。また花茎を切断してしまったり，若い蒴果内を食い荒らすことさえある。

レブンアツモリソウの花は闇夜でも目立つのかヤガの仲間が出口穴に詰まり，身動きできない状態でみつかることもある。出口を塞いだガは少なくとも片方の出口穴と葯を使えなくしてしまう（図9D）。さらにたった一度だけだが，攻撃的なことで知られるエゾアカヤマアリ *Formica yessensis*（Higashi and Yamauchi, 1979）が唇弁機能を消失させたと思われる事例も記録している。すなわち，唇弁にトラップされたガがこのアリにみつかり，暴れて唇弁が揺れ動いた。その結果，近辺にいたアリが参集し，翌日その花の唇弁が褐変（壊死）してしまった（同じ株パッチの他花はすべて正常のまま）。潜入したニセハイがもがいたことで唇弁が揺れ動いてアリが集結した後，やはり唇弁が褐変してしまったことをかつて二度観察したことも考えあわせると，唇弁の褐変は興奮した多数のアリが噴射した蟻酸によるものかもしれない。エゾアカヤマアリの蟻酸が本当に花を枯らすほどの効力を

図9 花機能の消失 A：陸産貝類によってあけられた唇弁の穴（側花弁には糞が残されている），B：コマチグモの1種によって入口穴が閉じられてしまった花，C：テングハマキ幼虫とその加害状況（矢印で示した子房部分に穴があき，内部が食われている），D：出口に詰まり，片方の葯を使用不可にしてしまったヤガの1種

有するのか確認が必要だが，Frederickson et al.(2005)は *Myrmelachista schumanni*（ヤマアリ亜科）が自身の営巣場所とする樹種以外の植物の葉に蟻酸を注入し，壊死させることを報告している。もし上述した推測が正しいなら，エゾアカヤマアリによる唇弁の壊死は，レブンアツモリソウがその進化史のなかで唇弁の捕捉機能を洗練させていったことの皮肉な帰結とみなせるかもしれない。

稔実率と稔性種子率

鉄府保護区における2000〜2013年の稔実率（図10）の平均値は，海側の区域（鉄府A）では16.3%（$n=14$），内陸側の区域（鉄府B）では11.3%（$n=14$）であった。また，いずれの区域でも年による変動が著しかったが（鉄府Aでの最小値と最大値は6.5%と27.5%，鉄府Bでは1.2%と22.7%），一貫して値が低いという傾向が認められた。つまり，年による数値の違いはあるものの"豊作"と呼べるような年は一度もなかった。レブンアツモリソウの成株は何十年にもわたって生き続けるため，おそらくそれぞれの株が毎年稔実しなくとも個体群を維持／更新できるのだろう。

どうして稔実率が年ごとに変動するのかその究明は容易ではないが，少なくとも花擬態と関

図10　若い蒴果を稔らせた株と受粉に失敗した株　多数の株を対象として蒴果の有無を調べることで個体群の稔実率を算出できる。

連して花粉媒介者の訪花機会の少なさが制限要因のひとつになっている可能性が考えられる。実際，14年間におよぶセンサス調査(毎年，同時期の同じ時間帯に同じ場所でマルハナバチ属4種の個体数を記録)の結果を用いて解析してみると，ニセハイの個体数が多かった年ほど稔実率が有意に高くなっていた(データ略)。

自然受粉によって稔った6つの蒴果の中身を精査したところ，花あたりの胚珠数は26,000〜83,000個に達すると推定された。しかし蒴果あたりの稔性種子数(＝外観が正常な種子数)は2,700〜30,800個に留まり，しかも蒴果間で桁数が異なるくらいばらついた。

一般に大株ほど(胚珠数の多い)大きな花を咲かせることから，胚珠数のばらつきは株サイズの違い，つまり各株が有性繁殖に投資可能な資源量(栄養状態)の違いを反映した結果とみなしてよいだろう。一方，相対的に少ない数の胚珠しかつくれない小株が大量の稔性種子を生産す

ることもあることから，稔性種子数のばらつきは，株間の違いではなく，外部要因(花粉媒介者の訪花行動)がもとで生じると考えられる。たとえば，ばらつきは花粉媒介者が柱頭に付着させる花粉量の違いを直接反映した結果なのかもしれない。ニセハイの胸背に付着している花粉粘液の形状はしばしば著しく異なっている(図2)。それが柱頭面に付着する花粉量の多寡をもたらし，受精される胚珠数の違いとなってもまったく不思議ではない。あるいは，稔性種子を大量生産できた花はハチの訪花を2回以上受けたのかもしれない。無蜜のレブンアツモリソウがハチによって何回も訪花されるとは考えにくいが，鉄府保護区内には稔実率が毎年のように高い場所がある。そのような場所では他よりもハチが頻繁に来訪し，結果的に複数回受粉される花が生じるのかもしれない。また，Nilsson(1979)はハチが訪れたカラフトアツモリソウの花では唇弁内の毛にハチの匂い(集合

フェロモン）が吸着され，新たなハチの訪花を受けやすくなると示唆している。もしそのような仕組みがレブンアツモリソウにも備わっているなら，複数回訪花も予想以上に起り得るのかもしれない。

おわりに

しめくくりとして，レブンアツモリソウの保全管理に関し，調査知見をもとにコメントしてみたい。これまでの記述内容から，レブンアツモリソウ個体群を持続的に保全していくためには，花粉媒介者であるニセハイ個体群の存続が必要なことは明らかである。現在のところ，レブンアツモリソウ稔実率の年変化やニセハイの生息状況などからみて「開花から稔実に至る種子生産過程」に関し何か大きな懸念事項があるわけではない。それでも将来に備え，今のうちから花粉媒介者の営巣と採餌の両活動を保証するための取り組み (Pierson et al., 2001) を考えておけばなにかと有益であろう。

ニセハイは草原性の種で，巣は地表の枯草や落葉の隙間等に造られる（伊藤，1991；松浦，1995）。探索時間の不足もあり，これまで礼文島における自然巣の発見例はないが，ススキ *Miscanthus sinensis* やスゲ類の株元などを出入りし，営巣に適した場所を探索中の女王バチを複数回目撃しているので，やはり礼文島でも草地に巣が造られるのだろう。そのため，一見なんの価値もなさそうな草地にも保全価値があることを心に留めておくべきである。また採餌活動に関しては，6月から次第に花上でニセハイ女王バチの姿をみかける機会が増え，働きバチは10月初旬までみられる。そのためハチの暮らしを支えるためには，保護区内とその近辺に長期にわたっていろいろな花粉花蜜源植物が途切れることなく存在する必要がある。

結局のところ，「レブンアツモリソウの種子繁殖過程を維持するには，自生地とその近辺の草原植生を丸ごと保全することが最良」という，ごくあたり前の結論が導かれる。しかし，この

図11　茂みから伸び出て花を咲かすレブンアツモリソウ

ことは「自生地を手つかずにしておけばいい」
ということでは決してない。鉄府保護区では防
護柵を設置したことで大規模な盗掘被害は皆無
となった一方で，植生が人的に大きく攪乱され
る機会を失った。その結果，最近はレブンアツ
モリソウが高茎草本や低木の茂みなどに埋没し
たような状況(図11)を目にすることも増えてき
た。もしもこのまま放置し，植生遷移が進行す
るのに任せたならば，その行く末がどうなるか
は目にみえている。保護区内でレブンアツモリ
ソウを保全していくためには，ニセハイ個体群
の存続を考慮しつつ植生の保護に努めると同時
に，それを適正に管理していくことが不可欠で
ある。

謝　辞

　礼文島における現地調査を実施するにあたり，さま
ざまな方々から暖かいご支援を賜った。特に鉄府保護
区の監視員を務められていた古谷健一，小沢国夫，三
浦良孝，佐々木秀一の皆様からはひとかたならぬご厚
情を賜った。環境省，林野庁，礼文町の職員の方々は
長期にわたる現地調査を許可してくださった。小野展
嗣(国立科学博物館)，西野宏(熊本大学)，神保宇嗣
(国立科学博物館)の先生方には花を加害する動物を同
定して頂いた。高橋英樹教授(北海道大学)からは拙稿
に対し有益なコメントを頂戴した。共同研究者の藤江
雄俊さん(熊本大学・卒業生)には写真を提供して頂い
た。本研究は日本学術振興会の科学研究費補助金・基
盤研究(B)(課題番号16310157；研究代表者　杉浦直
人)および環境省の地球環境保全等試験研究(2005〜
2008年および2009〜2013年；研究代表者　河原孝
行)からの助成を受けて遂行した。ここに明記し，心
よりお礼申し上げる。

引用文献

Bernhardt, P. and Edens-Meier, R. 2010. What we think we know vs. what we need to know about orchid pollination and conservation: *Cypripedium* L. as a model lineage. Botanical Review, 76: 204-219.

Catling, P. M. 2015. *Osmia* species (Megachilidae) pollinate *Cypripedium parviflorum* (Orchidaceae) and *Packera paupercula* (Asteraceae): a localized case of Batesian mimicry? Canadian Field-Naturalist, 129: 38-44.

Daumann, E. 1968. Zur Bestäubungsökologie von *Cypripedium calceolus* L. Österreichische Botanische Zeitschrift, 115: 434-446.

Edens-Meier, R., Arduser, M., Westhus, E. and Bernhardt, P. 2011. Pollination ecology of *Cypripedium reginae* Walter (Orchidaceae): size matters. Telopea, 13: 327-340.

Frederickson, M. E., Greene, M. J. and Gordon, D. M. 2005. 'Devil's gardens' bedevilled by ants. Nature, 437: 495-496.

Higashi, S and Yamauchi, K. 1979. Influence of a supercolonial ant *Formica* (*Formica*) *yessensis* Forel on the distribution of other ants in Ishikari Coast. Japanese Journal of Ecology, 29: 257-264.

伊藤誠夫. 1991. 日本産マルハナバチの分類・生態・分布. マルハナバチの経済学(ベルンド・ハインリッチ著，井上民二監訳)，pp.258-292. 文一総合出版，東京.

松浦誠. 1995. 図説　社会性カリバチの生態と進化. 北海道大学図書刊行会，札幌.

Nilsson, L. A. 1979. Anthecological studies on the lady's slipper, *Cypripedium calceolus* (Orchidaceae). Botaniska Notiser, 132: 329-347.

Pierson, K., Tepedino, V. J., Sipes, S. and Kuta, K. 2001. Pollination ecology of the rare orchid, *Spiranthes diluvialis*: implications for conservation. *In* Maschinski, J. and Holter, L. (eds.). Southwestern rare and endangered plants: proceedings of the third conference, pp. 153-164. US Department of Agriculture, Forest Service, Rocky Mountain Research Station, Fort Collins.

Stoutamire, W. P. 1967. Flower biology of the lady's-slippers (Orchidaceae: *Cypripedium*). Michigan Botanist, 6: 159-175.

Sugiura, N. and Takahashi, H. 2015. Comparative pollination biology in two sympatric varieties of *Cypripedium macranthos* (Orchidaceae) on Rebun Island, Hokkaido, Japan. Plant Species Biology, 30: 225-230.

Sugiura, N. and Yumiyama, M. 2016. Post-anthesis changes in the labellum of *Cypripedium macranthos* var. *rebunense* (Orchidaceae) and a speculation on functional design of the labellum. Plant Species Biology, 31: 135-140.

Sugiura, N., Fujie, T., Inoue, K. and Kitamura, K. 2001. Flowering phenology, pollination, and fruit set of *Cypripedium macranthos* var. *rebunense*, a threatened lady's slipper (Orchidaceae). Journal of Plant Research, 114: 171-178.

Sugiura, N., Goubara, M., Kitamura, K. and Inoue, K. 2002. Bumblebee pollination of *Cypripedium macranthos* var. *rebunense* (Orchidaceae); a possible case of floral mimicry of *Pedicularis schistostegia* (Orobanchaceae). Plant Systematics and Evolution, 235: 189-195.

第8章　菌なしでは生きられない植物・ラン

遊川知久

　真夏の草引き。うんと踏ん張らないと抜けない根にげんなりしつつも，大地をしかと抱きかかえ渇きをしのごうとする姿にいとおしさを感じもする。けれども根は，水と栄養の吸収をすべて自力でやっているのではない。菌というサポーターを体内に取り込んで，吸収を助けてもらっている。

　植物は空気中の炭素を原料に光合成によってエネルギーをつくることができるものの，生きるために欠かせないチッソやリンを吸収することが苦手だ。一方，菌は自らエネルギーをつくり出すことができないが，チッソやリンを取り込むことが得意である。お互いに不足する能力を補いあえばこんなよいことはない。こうして陸上植物の80〜90％くらいの種は菌類と共生し，両者のあいだで栄養のやり取りをする進化が起こった。これを「菌根共生系」と呼び，植物の根や茎と菌糸がコンタクトして栄養を移動する場が「菌根」，パートナーとなる菌が「菌根菌」である。植物と花粉を運ぶ動物との間の送粉共生系や，種子を運ぶ動物との間の種子散布共生系は眺めているだけでよくわかるが，土のなかの菌根共生系はみることができない。ところが実は，植物と菌は地球上で最も巨大な生き物どうしのネットワークを築いている。

　ちらっと地上に姿を現す菌根共生系に，たとえばマツタケがある。この菌はたまたま松のそばに生えているのではない。マツ科のいくつかの種と共生し，生きるために必要な栄養を互いにやりとりしている。マツタケは落ち葉などを分解して炭素を取り込む能力がないので，マツの仲間の助けがないと生きることができない。これからお話するランも，こうした菌と切って

も切れない関係を築いている。そればかりか，その関係はあらゆる菌根共生系のなかで最も変化に富んでいることがわかり始めた。菌を抜きにしてランのいのちを語ることはできない。

ユニークなランと菌の共生

　植物と共生菌の種類の組み合わせによって菌根の形態は大きく異なっている。大部分の植物は，グロムス門という菌と「アーバスキュラー菌根」をつくっている。根の細胞内に侵入した菌糸が枝分かれし，樹枝状体と呼ばれる構造をつくるのが目立った特徴だ。植物が水中から陸上に上がったときから4億年あまり互いに支え合ってきた共生系である。その後，植物はいわゆるキノコの類，担子菌門や子嚢菌門と「外生菌根」をつくり始めた。根の表面を菌糸が覆い菌鞘と呼ばれる構造をつくり，根の細胞の間に菌糸が張り巡らされることが特徴である。植物の細胞のなかに入ることはないことから外生菌根と呼ばれる。北半球の温帯から寒帯の森で主役となるブナ科やマツ科の木はすべて外生菌根をつくるので，生態系に及ぼす影響が大きい。一方，ツツジ科やラン科では，担子菌門や子嚢菌門の菌が植物の細胞のなかに入る菌根が進化した。これを「内生菌根」という。細胞内での菌根の構造はそれぞれ独特で，「ツツジ型菌根」，「ラン型菌根」と呼ばれている。ランの菌根は，菌糸がランの皮層細胞のなかに入ることと，入った菌糸は時間とともにペロトンと呼ばれる塊になることが，菌根のかたちの点でのめざましい特徴である（図1）。ところがランの菌根共生系は，こうした目にみえる特徴ばかりでなく，他の植物にはみられないユニークな生態や生理

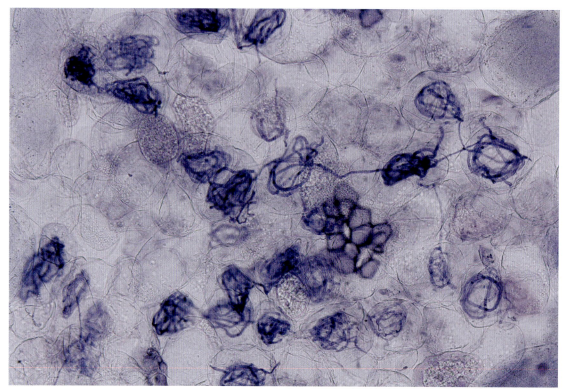

図1 ヤクシマランの菌根菌（©辻田有紀）　根の皮層細胞のなかで消化されつつある。菌糸がペロトンと呼ばれる塊となるのはラン科の菌根菌の特徴のひとつ。

をもつことがわかり始めた。

　まずランは、種類ごとに特定の決まった菌としか共生関係を結ばない。「特定」の幅はさまざまで、1種の菌としか共生しないものから複数の科にまたがって共生するものまである。複数の科といっても、その科に含まれるすべての菌の種ということではなく、選り好みがはげしい。多くの植物がさまざまなグループの菌と共生するのと対照的だ。共生相手が特定されるということは、双方にとって都合のよいパートナーの条件が厳しく限定されているともいえよう。

　そしてすべてのランは、菌の助けがないと種子を発芽・成長させることができない。実生が育つためには菌からの栄養供給が必須ということだ。この変わった特性は、一生を通して菌から栄養をもらい続け寄生する植物（「菌従属栄養植物」という）を除けば、他にイチヤクソウ（ツツジ科）の仲間だけしかみられない。特定の菌としか共生できない性質と合わせると、ある場所にランが定着するにはとても高い壁があることがわかる。種子が散布されて落ちた場所に、発芽・生育をサポートする特定の菌がいる確率はとても低いだろう。ランの分布を決める要因になっているはずだ。

　さらにランは、細胞のなかに入った菌糸を消化してしまう。菌を「食べる」という感じだ。さきほど紹介したペロトンはランによって消化されつつある菌糸で、どんどん凝縮してしまう。普通の菌根共生系では、菌糸は植物の体内で生き続けて互いに栄養をやり取りする。ランが菌を食べるようすを目の当たりにすると、菌根共生系で普遍的とされる植物と菌がお互いに利益を得る「相利共生」、いまふうにいえばWin-Winの関係がランにも当てはまるのかいぶかしくなってしまう。

　もうひとつ変わった特徴がある。それは、大部分のランが共生する菌が、ふだんは枯れ葉や材のような生物の遺体を栄養とする菌、「腐生菌」であるということだ。苔類とツツジ科の一

部を除けば，植物がパートナーに選ぶ菌は菌根共生に特化した進化をとげていて，もっぱら生きた植物から栄養を取り入れないと生きていけない「絶対共生菌」である。一方，ランが共生する多くの菌の栄養源は生物の遺体なので，そもそもランを必要としていない。この点に注目すると，菌にとってランはストーカーのような迷惑な存在？ いいようにだまされてしまっているだけ？ あるいは巨大なバイオマスである菌にとって痛くも痒くもない？ など想像がふくらむ。ここは共生系進化の重大問題だが，まったくわかっていない。

　ここまでをおさらいしておこう。ランと菌の共生では①菌糸がランの細胞のなかに入って塊となる，②限られた種類の菌と特異性の高い共生系をつくる，③生活史初期ではもっぱら菌に栄養を依存する，④菌はランの細胞内で消化される，⑤腐生菌と共生する，といった特徴を合わせもつことが浮き彫りになった。これら5つのポイントをセットで「ラン型菌共生」と呼ぶことにしよう。

ラン型菌共生 —— 始まりの物語

　この特殊な菌根共生系「ラン型菌共生」はどのように進化したのだろうか？ ランに最も縁が近い植物は，ネギ，アヤメ，ヒガンバナ，アスパラガスなどを含むキジカクシ目というグループだが，すべてグロムス門の菌と共生してアーバスキュラー菌根をつくり一般的な菌根共生を営んでいる。特殊化の兆しはない。とすると，ラン科の祖先が現れて進化する過程で菌根共生系の変化が起こったはずである。ではどの段階で？

　私たちは以前に，ラン科全体の系統進化の道のりをDNA塩基配列の情報を使って推定し，ヤクシマラン亜科（図2）というグループがラン科で最も古く出現したことを明らかにした。ヤクシマラン亜科は，北は九州から熱帯アジアを経て，南はオーストラリアの北東部まで，暗い林床を好んで自生する目立たない植物である。

図2　ヤクシマラン（©辻田有紀）　ラン科で最も初期に分岐したグループ，ヤクシマラン亜科に属する。

ランとしては祖先的な形態をもつため,「原始的」なランとして古くから注目され,別の科とする見解も根強くあったほどだ。実物を調査できる機会がめったにないため,このグループの性質は断片的にしか理解されていない。このグループがラン型菌共生を営んでいれば,ラン科の祖先の段階でラン型菌共生を獲得した可能性が高いだろう。これまでさまざまなヤクシマラン亜科の菌根を調べてみたが,いずれも典型的なランの菌根の特徴をもっていることがわかった(図1)。花をみるかぎり,まだ「ラン」になりきっていないヤクシマランの仲間だが,菌との共生の点では立派なランである。ヤクシマラン亜科の出現は9,000万年くらい前と推定されているので,この頃にはランと菌のユニークな共生系が確立していた可能性が高い。

ではヤクシマラン亜科と共生する菌の種類はどうだろう? ランの細胞に入っている菌糸の形態から,菌の種類を特定することは不可能に近い。そこでさまざまなランの菌根から菌のDNAを抽出し,塩基配列の情報を使って菌の種類を特定する,いわゆるDNA鑑定をおこなった。すると,ヤクシマラン亜科をはじめとする大部分のラン科のグループは,担子菌門アンズタケ目のケラトバシディウム科とツラスネラ科と共生していることがはっきりした(Yukawa et al., 2009)。結果をまとめたのが図3である。ざっくりと言えば,典型的なキノコのなかの一部の限られたグループとランは共生する。

さきほどお話したように,ラン科に縁の近いキジカクシ目,さらにはツユクサ目などは,すべてアーバスキュラー菌根をつくる。この共生

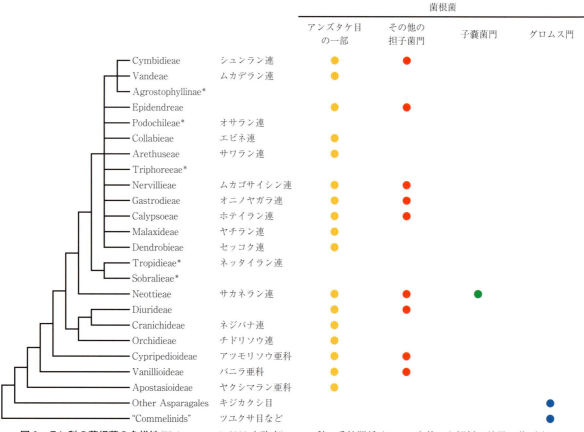

図3 ラン科の菌根菌の多様性(Yukawa et al., 2009 を改変) ラン科の系統関係はDNAを使った解析の結果に基づく。ラン科の近縁群はグロムス門の菌と共生する。一方,大部分のランは担子菌門のアンズタケ目と共生。アンズタケ目との共生は,ラン科の初期進化の段階で獲得された可能性が高い。
＊これまでに共生する菌の種類が調べられていないランのグループ。

系の菌パートナーはグロムス門に限られている。担子菌門とは縁の遠く離れたグループだ。これまでにラン科が，グロムス門とアーバスキュラー菌根をつくった確実な記録はない。とすれば，ラン科の祖先でグロムス門から担子菌門アンズタケ目の一部にパートナーとなる菌が交替し，それとともにラン型菌共生を獲得したことは確実だろう。これは単に共生する菌の種類が変わったということにとどまらない意味をもつと思われる。さきほどラン型菌共生の特徴のひとつとして腐生菌と共生することを挙げたが，これはランの祖先が新しいパートナーに選んだケラトバシディウム科とツラスネラ科の性質に他ならない。新しいパートナーがたまたま腐生菌だったことが，ランの進化の運命を大きく変えたといえそうだ。

　腐生菌と共生できることは，ランにとって大きなメリットがある。絶対共生菌はパートナーとなる植物の根圏にしか生活することができないが，腐生菌は生物遺体を栄養源とするので地球上のたいがいの場所で暮らすことができる。したがって腐生菌をパートナーにすれば，植物はさまざまな場所で菌と共生できる可能性が出てくるのだ。これはランの分布拡大にとって大きなメリットに違いない。ラン科の約75％の種は木の上で暮らす，いわゆる着生植物である。そもそも樹上ではアーバスキュラー菌根や外生菌根をつくる一般の植物が繁茂することはほとんどないので，菌根菌となる絶対共生菌が生息するチャンスも限られている。反対に樹皮や枯れたコケのような有機物はふんだんにあるので，腐生菌はいくらでもいる。木の上は乾燥というハードルがあるものの，葉や茎を多肉化させ水を貯えるといった乾きをしのぐ性質が進化すれば，光は十分にあるパラダイスだ。ランは腐生菌を利用して生態系のすきまにうまく入り込み，樹上という他の植物との競争の少ない場所で爆発的な多様化をなしとげたのだろう。腐生菌との共生はランにとって革命だった。

　ではランの祖先はなぜグロムス門との共生をやめたのだろう？　どうやって担子菌門のアンズタケ目というまったく違う系統の菌と共生できるようになったのだろう？　なぜ菌パートナーの高い特異性，生活史初期の菌への依存，菌糸の消化といったユニークな特性が生まれたのだろう？　肝心な疑問はまだ解明されていない。

進化とともに共生菌が多様化する
── シュンラン属

　ここまで，ランが誕生したときからのパートナーと推定されるケラトバシディウム科とツラスネラ科の菌に注目してきたが，ランは進化とともにロウタケ科，ベニタケ科，イボタケ科など担子菌の異なったグループともしばしば共生することが，最近の研究でわかり始めている。いったいなぜ，そしてどのようにパートナーが変わる進化が起こったのだろうか？　いろいろなラン科の菌根菌を調べるうちに，里山の春を彩るシュンラン（図4）の仲間，シュンラン属が，さまざまな菌と共生することがわかり始めた。

　シュンラン属は約50種がアジアからオセアニアに分布するが，生育環境や栄養の摂り方が数あるラン科のなかでも多様化しており，植物の生態や生理の進化と菌共生の関わりを検証するのにも最適な材料だということが，私たちのこれまでの研究で明らかになった（Motomura et al., 2008, 2010）。たとえばシュンランは地生だが，熱帯アジアではヘツカランのような木の上で育つ着生の種が多い（図5）。DNAの情報を使って明らかにしたシュンラン属の系統樹をよりどころに生育環境の進化を推定したところ，この仲間は進化とともに樹上から地上に下りた可能性が高いことが明らかになった（Yukawa et al., 2002）。そのうえ，マヤラン（図6）やサガミランのように根も葉もない，つまり光合成をやめて菌に寄生する菌従属栄養種が進化している。さらにシュンランやナギランは緑色の葉をつけるので，

90　第Ⅱ部　ランの適応戦略

図4　自生地のシュンラン（©中山博史）　ブナ科など外生菌根菌と共生する木の周りにしか生えていない。

図5 木に着生するシュンラン属の1種，ヘツカラン　木のうろから生えている。

図6 菌従属栄養性が進化し，葉と根の退化したマヤラン 光合成をしない代わりに，生きるため必要な炭水化物を菌に依存している。

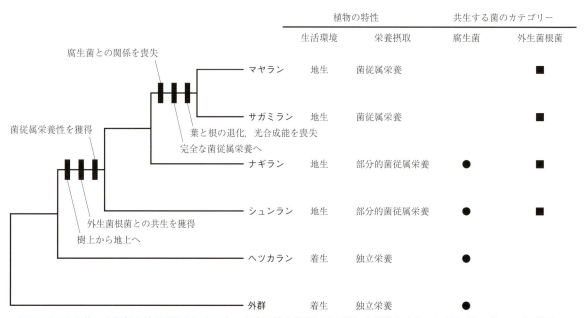

図7 DNAを使った解析の結果明らかになった，生育環境と栄養摂取が特に多様化したシュンラン属のグループ 植物の栄養摂取特性，菌根菌の種類を調べた結果をプロットした。さらに生育環境と栄養摂取様式に関する形質状態が進化したと推定されるポイントを示した。着生から地生への進化にともない外生菌根菌と共生を始めるとともに菌従属栄養性を獲得し，さらに菌従属栄養への進化とともに腐生菌との関係を断ち，もっぱら外生菌根菌と共生する変化が生じた可能性が高い。

普通に光合成し独立栄養を営むようにみえるが，実は菌根菌からかなり栄養をもらっていることがわかった．個体によっては，体内の炭素の約60%までが菌から奪い取ったと推定されるケースすらある．こうした栄養の摂り方を「部分的菌従属栄養」と呼ぶ．

そこでシュンラン属のなかでも生育環境や栄養摂取がずばぬけて多様化している一群にフォーカスをあてて，共生する菌を詳しく調べた（図7）．まず属の祖先の段階で共生する菌を知るためヘツカランなどの着生種を調べると，ほとんどの菌根菌はツラスネラ科に属する腐生菌だった．ふだんは樹皮やコケの遺体などを炭素源として利用している菌だろう．

地上に下りて，菌から炭素を獲得する菌従属栄養性を手に入れたシュンランとナギランでも，着生の独立栄養種と同じくツラスネラ科などの腐生菌が共生していた．ところが同じサンプルから同時に，ふだんは樹木の菌根菌の1タイプ，外生菌根菌として生活しているロウタケ科やベニタケ科などもみつかった．本来これらの菌は，周りに生える特定の樹木の種と共生関係をもち，樹木から炭素をもらうかわりにリンなどを樹木に与えるという栄養のやり取りをおこなっている．樹木の菌根菌が同時にシュンラン属の菌根菌になるということは，樹木が光合成によってつくった炭素の一部を菌が利用し，さらにその一部を菌からシュンラン属が横取りするネットワークのあることを示している（図8）．

では菌からの栄養依存がさらに進化して葉をつくるのをやめた菌従属栄養種，マヤランとサガミランの菌根菌はどうだろうか．このグルー

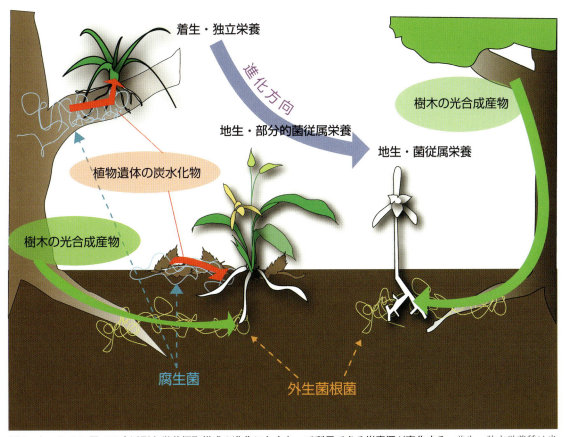

図8　シュンラン属では生活形と栄養摂取様式の進化にともなって利用できる炭素源が変化する　着生・独立栄養種は光合成でつくり出す炭水化物を使っている．地生・部分的菌従属栄養に進化すると，光合成産物に加え，樹木の光合成産物を樹木とシュンラン属を結ぶ菌根菌ネットワークを介して利用するので，2つの供給源がある．さらに進化段階の進んだ地生・菌従属栄養種では，菌が樹木から奪い取った光合成産物しか炭素の供給源がない．

プでは腐生菌はほとんど共生しておらず，ロウタケ科など樹木の菌根菌ばかりがみつかった(Ogura-Tsujita et al., 2012)。これらの種は生きていくのに必要な炭水化物をもっぱら菌に，ルーツに着目すれば樹木のつくった炭水化物に菌を介して依存していることになる。

ここまでをふりかえっておこう。着生で独立栄養のシュンラン属の祖先は，樹皮などを「主食」とする腐生菌と共生していた。ところが生活の場が地上に変わると，独立栄養から部分的菌従属栄養に進化するとともに，腐生菌に加えて本来は樹木のパートナーである外生菌根菌と関係を結び始めた。さらに部分的菌従属栄養から完全な菌従属栄養に進化すると，腐生菌との共生をやめ，外生菌根菌だけと共生するようになった(図7)。菌根菌が，植物の生活環境や栄養摂取の進化に大きなインパクトを与えた可能性の高いことは明らかだろう。

菌に寄生するランは変わった菌と共生する

ラン科は菌従属栄養植物の宝庫だ。世界の菌従属栄養植物の種の約40％をラン科が占め，ラン科のなかで菌従属栄養性への進化が約30回も繰り返し起こったと推定されている(遊川, 2014)。地球の生命史のなかで植物が獲得したもっともめざましい機能は，自らが生きるのに必要なエネルギーを光合成によってつくり出す独立栄養性にあるが，ランという植物は何度となくこの財産を放棄しているのである。

植物が植物をやめるに等しい進化がなぜランでばかり繰り返し起こったのだろうか？　ここでは「生活史初期ではもっぱら菌に栄養を依存する」というラン型菌共生の特徴のひとつが重要と思われる。すべてのランが菌から栄養をもらって種子を発芽・生長させているということは，そもそも植物を食べる性質をもつ菌という敵をうまくコントロールする術をランの祖先が獲得したということに他ならない。この特性を

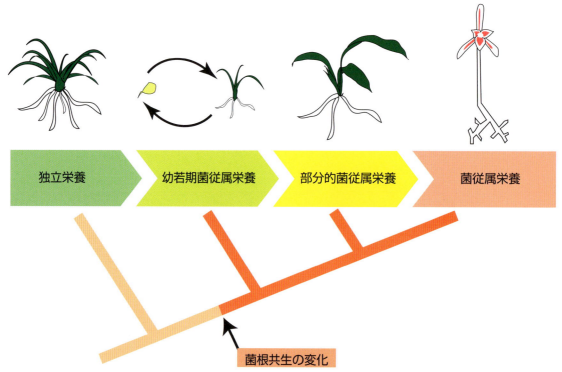

図9　すべてのランは菌から供給される栄養がないと種子が発芽・成長できない　このラン独特の特性を幼若期菌従属栄養という。この性質が成熟期まで続くことによって部分的菌従属栄養，さらには光合成をやめて一生を通じて菌に栄養を完全に依存する菌従属栄養が進化したというシナリオを描くことができる。

「幼若期菌従属栄養」と呼ぶ。生活史初期に菌をうまく手なずけることができれば，次第に成熟期にいたるまで菌から栄養をうばい続ける適応進化が起こるだろう。これが部分的菌従属栄養である。さらに菌への依存が進んで行きついた先が完全な菌従属栄養ではないだろうか（図9）？

けれども，生活史初期に菌に栄養を依存するだけでは完全な菌従属栄養には進化できないらしい。というのも，完全に菌従属栄養性に進化したランが共生する菌を調べていくと，どの種もケラトバシディウム科とツラスネラ科のラン科に普遍的な腐生菌とは共生していないことが明らかになり始めたからである。しかも菌の種類をランダムに選んでいるようにみえない。特定の菌をターゲットにしているようなのだ。

たとえば，さきほど紹介したようにシュンラン属の菌従属栄養種マヤランとサガミランの主な菌パートナーは，樹木の外生菌根菌となっているロウタケ科だった。同じように葉が退化し菌従属栄養性に進化したサカネラン属や北米のヘクラレクトリス属は，シュンラン属とは縁の遠いグループにも関わらず，外生菌根菌のロウタケ科と共生する。このことはランの進化史で，パートナーとなる菌がロウタケ科に変わるイベントがくりかえし起こったことを示している。

他のランではどうだろうか。タシロラン，イモネヤガラ，モイワランの3種も互いに縁の遠い菌従属栄養性のランだが，いずれもナヨタケ科の特定のグループの菌と共生することが最近の研究でわかった（図10）。日本の菌従属栄養性のランのなかでもとりわけよく目立つツチアケビとオニノヤガラの2種も遠縁だが，ナラタケ属（キシメジ科）をパートナーとすることで共通している（図11）。

このように，特定の菌との新たな共生と植物の菌従属栄養性進化がリンクしていることがみえ始めた。見方を変えれば，異なった系統の植物がある菌との共生をきっかけに，菌従属栄養性に向かう「収斂進化」が起こっている。では，なぜ特定の菌だけが菌従属栄養性の進化をもたらすのか？　まだ原因はわかっていないが，特定の菌のもつなんらかの特性が，植物の成長に必要な栄養を安定してもたらすことがポイントではないかと思われる。たとえばロウタケ科のような樹木の外生菌根菌は，森林に菌糸のネットワークを張り巡らして木本植物が光合成してつくる大量の炭素を利用することができるし，ナヨタケ科は腐生菌のなかでもとりわけ有機物の分解能力が高い。ナラタケ属は，病原菌として生木を枯らすほど大量のバイオマスを利用する能力をもっている。これらの菌のランへの栄養供給を調べることによって，なぜ「選ばれた菌になったか」明らかにすることができるようになるだろう。いずれにしても植物が菌をコントロールして栄養を搾取する機能を発達させるとともに，植物に安定して栄養を供給できる特定の菌と共生することが，菌従属栄養性進化のカギであることは明らかだ。

ここでいまいちどシュンラン属の菌従属栄養性の進化と菌パートナーの関係に注目しよう。菌従属栄養性への進化をもたらす要因と考えられるロウタケ科などの外生菌根菌と共生を始めたシュンラン属の1グループは，いきなり完全な菌従属栄養性になったわけではない。シュンランやナギランのように，まずは光合成をしつつ菌からの炭素化合物の供給も受ける部分的菌従属栄養性に留まっている。他方，これまでのパートナーだった腐生菌との関係も維持している。こうしてみると菌従属栄養性への進化のステップで，菌従属栄養性をもたらす菌と新しい関係を築きつつ，これまでのパートナーとの関係も維持する「ふたまた」の状況が透けてみえる。菌従属栄養性の進化は生物の栄養摂取の抜本的な大変革なので，独立栄養からすぐさま完全に切り替えることができるようなものではないだろう。「ふたまた」のメリットを活かして適応進化のさまざまな「実験」を長期にわたっ

図10 タシロラン(A), イモネヤガラ(B), モイワラン(C), イヌセンボンタケ(D) 互いに遠縁の3種の菌従属栄養性のランだが, いずれもイヌセンボンタケなどナヨタケ科の特定のグループの菌と共生する。イヌセンボンタケはタシロランの菌根から菌糸を単離培養し, 子実体を形成したもの。A, D：©谷亀高広

図11 ナラタケ属の菌と共生するツチアケビ（上）とオニノヤガラ（下）（©山下俊之）　どちらも奇怪な姿をしていてよく目立つ。大木をさえ枯らす病原菌を手なずけることができる不思議な植物

て繰り広げ，行きついたひとつの到達点が完全
な菌従属栄養ではないだろうか。

ランの成長とともに共生菌が変わる

　シュンランをネタに，もう少し話を引っ張っ
てみよう。シュンランは腐生菌と樹木の外生菌
根菌の両方と共生するのに，外生菌根菌と共生
できるブナ科，カバノキ科，マツ科の木の周り
にしか生えていない（図4）。腐生菌ともうまく
やっていけるのなら，もっといろいろな場所で
育っていてもよさそうなものなのに，なぜこん
なことになるのだろうか。菌なしでは成長でき
ない種子発芽から幼若期に，シュンランが外生
菌根菌だけとしか共生しないなら，外生菌根菌
をつくる木の近くでしか世代交替がおこなわれ
ないだろう。その結果，シュンランは特定の木
の周りにしか生えないのではないか。この仮説
を検証するため野外で種子を播いて，シュンラ
ンの幼若期個体の菌パートナーを調べてみた。
発芽した実生から検出された菌は，予想どおり，
ロウタケ科をメインとする外生菌根菌ばかり
だった。シュンランは生長とともに菌パート
ナーが変わるのだ。つまり，発芽と初期の生育
になくてはならない幼若期の菌パートナーが樹
木の外生菌根菌に限られることが，特定の種類
の木の周りにしか生えない原因になっていると
考えられる。

　世界の研究者はこれまで成熟個体に共生する
菌を調べて，菌パートナーの多様性を知ろうと
してきた。ところがシュンランのように幼若期
と成熟期の間で菌根菌が変わることがいろいろ
な種で起こるなら，これまでのランの菌根菌の
多様性や生態についての理解に修正が必要にな
るだろう。さらにこの見方はランに留まらない

のではないか。どんな植物でも実生，つまり幼
若個体はバイオマスが小さく生活力が弱いので，
菌パートナーのもたらすインパクトは成熟個体
に比べてずっと大きいだろう。幼若個体に優占
して共生する菌の種類に着目することは，これ
からの菌根共生系の研究に新たな視点をもたら
すだろう。さらに特定の菌が実生の定着に影響
を及ぼしていることがわかれば，生物多様性の
保全にも大きく貢献するはずだ。

謝　辞

　ここで紹介した研究の多くは，日本学術振興会・科
学研究費補助金（24370040，15H04417，15K14442）な
らびに国立科学博物館総合研究による成果である。辻
田有紀，鈴木和浩，木下晃彦，谷亀高広，堤千絵，大
和政秀，山田明義，今市涼子，上野修，三吉一光，横
山潤，阿部寛子（敬称略）をはじめとする研究，野外調
査，実験，サンプル育成を分担していただいた方々の
ご支援により成果をまとめることができた。厚くお礼
申し上げる。

引用文献

Motomura, H., Yukawa, T., Ueno, O. and Kagawa, A. 2008. The occurrence of crassulacean acid metabolism in *Cymbidium* (Orchidaceae) and its ecological and evolutionary implications. J. Plant Res., 121: 163-177.

Motomura, H., Selosse, M.-A., Martos, F., Kagawa, A. and Yukawa, T. 2010. Mycoheterotrophy evolved from mixotrophic ancestors: evidence in *Cymbidium* (Orchidaceae). Ann. Bot., 53: 573-581.

Ogura-Tsujita, Y., Yokoyama, J., Miyoshi, K. and Yukawa, T. 2012. Shifts in mycorrhizal fungi during the evolution of autotrophy to mycoheterotrophy in *Cymbidium*. Amer. J. Bot., 99: 1158-1176.

Yukawa, T., Miyoshi, K. and Yokoyama, J. 2002. Molecular phylogeny and character evolution of *Cymbidium* (Orchidaceae). Bull. Natl. Sci. Mus., Tokyo, B, 28: 129-139.

Yukawa, T., Ogura-Tsujita, Y., Shefferson, R. P. and Yokoyama, J. 2009. Mycorrhizal diversity in *Apostasia* (Orchidaceae) indicates the origin and evolution of the orchid mycorrhiza. Amer. J. Bot., 96: 1197-2009.

遊川知久．2014．菌従属栄養植物の系統と進化．植物
科学最前線，5：85-62.

第III部
ランの保全とその取り組み

モイワラン *Cremastra aphylla*/ 船迫吉江・画

第Ⅲ部扉：レブンアツモリソウ *Cypripedium marcanthos* var. *rebunense*/ 船迫吉江・画

第9章　日本のラン保全活動

高橋英樹

2015年3月に筑波実験植物園で開かれた「つくば蘭展」と同時開催のワークショップは，日本のラン保全活動の現状を知るうえでたいへん有意義なものだった。このワークショップ「これからのラン保全」では，「レブンアツモリソウの更新動態と将来」，「自生地播種技術の現状と課題」，「種子発芽を誘導する菌根菌の探索と実生のセーフサイト」，「菌根共生系の再構築」，「ラン科植物の送粉共生系の解明」，「屋久島におけるヤクシカによる植生被害とその対策─ヤクシマランの保全例─」といった発表タイトルが並んだ。礼文島や屋久島も含め日本全国でラン保全活動がおこなわれ，個体群動態，種子発芽，菌根菌，花粉媒介昆虫，野生生物による食害などさまざまな観点からの観察記録や技術開発がおこなわれているのがみてとれる。またワークショップ後援として，日本植物園協会，国際自然保護連合ラン専門家部会，ラン懇話会，ランネットワークが名を連ねており，ランの保全活動に多くの団体，機関が関わっていることもわかる。

「種の保存法（絶滅のおそれのある野生動植物の種の保存に関する法律）」では，2015年度時点で国内希少野生動植物種として134種が指定されている。この内，植物は32種（亜種・変種も1種と数えて）が指定されており，1/3以上の13種がラン科植物である（表1）。それだけ自然環境の変化や盗掘・乱獲による影響を受けやすいのがランの仲間ということになる。これらラン科の指定種に対しては自生地においてさまざまな保全活動がおこなわれている，というよりもそうあらねばならないのであるが。まず表1にある，国により種指定されているラン科植物の保全活動の取り組みについてみていこう。

沖縄県からは5種のランが種指定されており，そのうちオキナワセッコクは増殖法が確立されていることもあり，商業的に個体の繁殖をさせることが可能な種，「特定種」に指定されている。本種は新宿御苑で栽培保全もされている。しかし沖縄産のこれら5種のいずれの種についても「保護増殖事業計画」が策定されていない。開発や盗掘圧力に対する抑止効果を狙って種指定をしたが，現地での具体的な保護増殖活動の体制が整っていないのであろう。ただ一方で，島に生育する個体群は元々個体数が限られており，生態系自体も壊れやすい脆弱なものであることが多い。あまり具体的な「保護増殖事業計画」を立て詳細な現地調査をすることで，かえって自生環境へ悪い影響を与えかねないと懸念した，高度な判断がはたらいているのかもしれない。なお，レッドデータブック（環境省，2015）を参考にすれば，これらの種についても2000〜2014年までの絶滅危険性の大まかな変遷はみることができる。

鹿児島県奄美大島産のコゴメキノエランも同様で，1999年に種指定されてから15年以上経っているが「保護増殖事業計画」は未策定である。

これらに対して，小笠原諸島産の3種のランについてはいずれも「保護増殖事業計画」が策定され，東大附属植物園などが中心となって保全活動がおこなわれている。小笠原村が東京都に属していることもあり，保護増殖事業の体制がとりやすかったのかもしれない。アサヒエビネは，増殖技術の開発や野生株由来の系統保存がおこなわれ，自生地復元もおこなわれている。

表1　国内希少野生動植物種として指定されているラン科植物

和　　名	学　　名	国内での自生地	種指定状況・事業計画策定状況
オキナワセッコク	*Dendrobium okinawense*	沖縄本島北部	種指定(2002 年)，特定種[1] 指定(2008 年)
クニガミトンボソウ	*Platanthera sonoharae*	沖縄本島北部	種指定(2002 年)
タカオオオスズムシラン	*Cryptostylis taiwaniana*	沖縄県	種指定(2015 年)
イリオモテトンボソウ	*Platanthera stenoglossa* subsp. *iriomotensis*	沖縄西表島	種指定(2015 年)
ミソボシラン	*Vrydagzynea nuda*	沖縄県	種指定(2015 年)
コゴメキノエラン	*Liparis viridiflora*	奄美大島のみ	種指定(1999 年)
アサヒエビネ	*Calanthe hattorii*	小笠原諸島(兄島，父島のみ)	種指定(2004 年)，保護増殖事業計画(2004 年)
ホシツルラン	*Calanthe triplicata*	小笠原諸島(母島のみ)	種指定(2004 年)，保護増殖事業計画(2004 年)
シマホザキラン	*Malaxis boninensis*	小笠原諸島(父島)，北硫黄島のみ	種指定(2004 年)，保護増殖事業計画(2004 年)
チョウセンキバナアツモリソウ	*Cypripedium guttatum*	秋田県男鹿半島のみ	種指定(2002 年)，保護増殖事業計画(2004 年)
レブンアツモリソウ	*Cypripedium macranthos* var. *rebunense*[2]	礼文島のみ	特定種指定(1994 年)，保護増殖事業計画(1996 年)
ホテイアツモリソウ	*Cypripedium macranthos* var. *macranthos*	本州中部・北海道に点在	特定種指定(1997 年)
アツモリソウ	*Cypripedium macranthos* var. *speciosum*	本州中部以北に点在	特定種指定(1997 年)

[1] 特定国内希少野生動植物種(ここでは特定種と略す)は個体の繁殖技術が確立されている種で，届出がされれば商業的な流通が可能である。
[2] 学名には異論があるが，ここでは従来からよく使われている学名を採用した。

自生個体は数百株に回復し，父島には数十株の植栽株が導入されているという。ホシツルランは自生地では 3 株が生育するのみとたいへん希少だが，植え戻し株が生育しているという。シマホザキランは父島では自生個体が 10 株未満とこれも希少で，自生地で踏みつけ防止柵の設置がおこなわれ，人工授粉による結実促進などの増殖試験がおこなわれている。

　残りはアツモリソウ属の 4 種類であり，これまでの熱帯・亜熱帯性のランとは異なり北方系の冷温帯性ランである。チョウセンキバナアツモリソウ(図 1)を除く 3 種(レブンアツモリソウ，ホテイアツモリソウ，アツモリソウ(図 2))は「特定種」指定されている。

　2002 年に種指定された秋田県のチョウセンキバナアツモリソウについては「保護増殖事業計画」が 2004 年に策定されている。主に盗掘による影響が大きかったようで，現在は 2 重の防護柵が設置されており，2014 年時点ではわずか 109 株のみが確認されている。自生地株のDNA 解析が進められており，また種子の冷凍保存が新宿御苑でおこなわれている。北海道大学植物園でも株の保護育成が進められている

(第 11 章参照)。レブンアツモリソウはキタダケソウとともに，1994 年に植物では最初に種指定された種類であり 1996 年には「保護増殖事業計画」が策定された(詳しくは第 7 章と第 10 章を参照)。礼文町は種指定される前から，レブンアツモリソウの盗掘に危機感を募らせ，群生地に柵を巡らせるなど先進的な対策を講じてきた。現在，礼文町高山植物培養センターや北大附属植物園などが中心になって培養技術の開発や系統保存がおこなわれ，一部植え戻し実験もおこなわれている。一方，ホテイアツモリソウやアツモリソウは分布が複数箇所に点在することもあってか，「保護増殖事業計画」は策定されていない。それでもアツモリソウは岩手県住田町が，ホテイアツモリソウは長野県富士見町が自生地保護活動をおこない，町内で栽培・保存活動もおこなわれている。

　チョウセンキバナアツモリソウ以外の 3 種は「特定種」指定され，特にアツモリソウやホテイアツモリソウは山草として広く栽培され販売もされるので，植物種としての絶滅の心配はほとんどないだろう。一方で，盗掘回避のためもあり，自生地の状況そのものがうかがいしれな

図1 チョウセンキバナアツモリソウ　1993年7月5日，東シベリアにて。

図2 アツモリソウ　2008年5月16日，岩手県住田町の栽培株

いという実態もある。

　国の種指定がされていないランであっても，レッドデータブックに掲載されている「絶滅が危惧されるラン」を中心に，各地で保全活動がおこなわれている。エビネ，キバナノアツモリソウ，クマガイソウ，コアツモリソウ，サギソウ，サツマチドリなどである。これら保全活動の基本は自生地の生態環境を守り保護することであるが，開発により確実に消滅してしまうランの株を緊急避難的に移植することも各地でおこなわれている。これらの活動が地域の小中高校の環境学習活動の一環としておこなわれることもある。

　ラン保全活動が各地で盛んにおこなわれる一番の要因は，人間による過度な経済活動・商業活動が全国各地に行き渡ってしまったせいだが，一方で地域の誇りを大切にする，地域おこしに結びつけたいという，地方自治体の事情もあるだろう。しかし保全活動が単なる話題づくりや栽培株の販売といった経済活動のみに向かうのは寂しい。あくまで対象となるランの生態・生きざまを植物学的に解明し，その知識に基づいた自生環境の保護活動が進められるべきだろう。この点では，希少ランのみをみるのではなく，それをとりまく花粉媒介昆虫や共生菌根菌，周辺植生についての理解を深めることで，「自然生態系が守られてこそ人間社会は維持される」ことをより深く体感し，我々の生き方そのものを考え直す契機とすることができれば幸いであると思う。

引用文献
環境省（編）．2015．レッドデータブック 2014 8 植物
　　Ⅰ（維管束植物）．ぎょうせい，東京．

第10章　レブンアツモリソウの保全活動

高橋英樹

レブンアツモリソウ(図1)の保全活動は，日本のラン科植物のなかでも最も早くから着手されたものの1つであり，その種生態についても最も深く調査された日本のラン科植物種の1つといえるだろう。

レブンアツモリソウの保護や調査の歴史については表1にまとめた。また保全活動の概要や課題については庄司ほか(2008)，河原(2009)，高橋(2009)などで述べられている。保全のための基本調査項目は図2に整理され，これまで繁殖生態(Sugiura and Takahashi, 2015 など)，集団遺伝学(Izawa et al., 2007)，周辺植生(Kosaka, et al., 2014)，共生菌根菌や増殖技術(Shimura et al., 2009 など)についての研究成果が報告されてきた。この結果，自生地でのレブンアツモリソウを巡る生物共生系は図3のようにまとめられ，生育基盤となる礼文島西海岸の草原植生の維持管理が改めて重要視されている。さて，実際のレブンアツモリソウの保護施策と保全活動の課題についてみていこう。

種の保存法と保護増殖事業計画

レブンアツモリソウは「種の保存法(日本の絶滅のおそれのある野生動植物種の保存に関する法律)」において，1994年にキタダケソウとともに日本の植物のなかで最初に指定された種である。日本のラン保全あるいは植物保全の象徴的な種の1つと考えてよいだろう。

まず種指定2年後の1996年に策定された「レブンアツモリソウ保護増殖事業計画」の概要を解説しよう。この事業計画は日本のラン保全ガイドラインのはしりとなったもので，現在さまざまな地域でおこなわれているラン保全事業の問題・課題が，このなかに内包されているともいえる。

「レブンアツモリソウ保護増殖事業計画」は1996年に当時の環境庁と農林水産省の連名で出された(環境庁・農林水産省，1996)。「第1事業の目標」では概略以下のように述べる。「生育状況等の把握とモニタリングをおこない，その結果等を踏まえ，生育地における生育環境の改善や盗掘防止対策の強化等を図るとともに，必要に応じ適切な方法による繁殖個体の再導入をおこない，かつての分布域内での分布の拡大および個体数の増加を図ること等により，自然状態で安定的に存続できる状態になることを目標とする。」としている。ここではすでに植え戻しも視野に入っていることが注目される。

「第3　事業の内容」として以下の6点が挙げられている。

1. 生育状況等の把握・モニタリング
   1. 生育状況の把握・モニタリング(生育地点や株数，その増減など。かつての分布域の把握や分布の変遷についての情報収集)
   2. 生物学的特性の把握(繁殖様式，共生菌の特定，生育に適する環境，遺伝的多様性，生物学的特性)
   3. 生育の圧迫要因及びその影響の把握・モニタリング(植生遷移，訪花昆虫，食害昆虫)
2. 生育地における生育環境の維持・改善(1の調査に基づく。生態学的特性を十分に踏まえた環境改善のための措置を講ずる。)
3. 人工繁殖及び個体の再導入(野外個体群の

106 第Ⅲ部 ランの保全とその取り組み

図1 レブンアツモリソウ

表1 レブンアツモリソウの保護・調査の歴史

年	事　項
1930	宮部・工藤がレブンアツモリソウを新変種として記載
1959	北海道が「桃岩付近一帯の野生植物」を天然記念物指定
1980～90	大量の盗掘が繰り返される
1982	礼文町が鉄府群生地に木柵設置
1984	谷口弘一が自生地での人工受粉に着手
1984	礼文町が鉄府の「レブンアツモリソウ群生地」を町天然記念物に指定
1986	礼文町が「高山植物培養センター」を設置，無菌培養研究に着手
1991	礼文町が鉄府に監視所を建設
1992	旭川営林支局が鉄府「レブンアツモリソウ群生地植物群落保護林」指定
1993	林野庁が希少野生動植物保護管理事業を創設，旭川営林支局が生育実態調査を開始
1994	国が「種の保存法」の「国内希少野生動植物種」に指定 北海道が町指定「レブンアツモリソウ群生地」を道天然記念物に指定
1995	旭川営林支局が無菌培養による人工繁殖事業に着手(町の培養センターに委託)
1996	環境庁地区事務所が北海道大学の幸田泰則と高橋英樹に調査依頼 環境庁と農林水産省が「レブンアツモリソウ保護増殖事業計画」を告示
1997～	「保護増殖事業者連絡会議」を開催
2004～	幸田泰則(北海道大学)，高橋英樹(北海道大学)，杉浦直人(熊本大学)，河原孝行(森林総合研究所)などによる環境省の調査プロジェクト(代表・河原)，共生菌培養技術の開発
2009～13	環境省の調査プロジェクト継続(代表・河原)

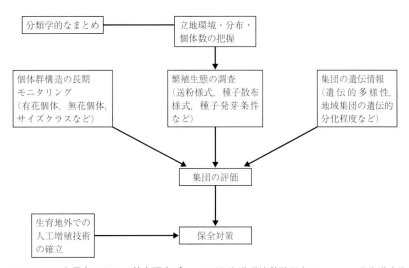

図2 レブンアツモリソウ保全のための基本調査プロセス（北海道環境科学研究センター・北海道東海大学（2003）を参考にして作成）

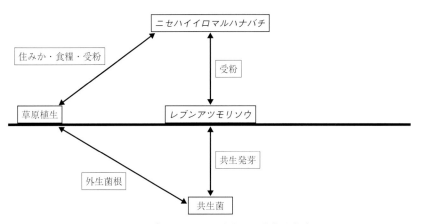

図3 レブンアツモリソウを巡る生物共生系

維持拡大を基本とする。必要に応じ，補完的に人工繁殖及び個体の再導入によるかつての分布域内での分布の拡大及び個体数増加を図る。）
4. 生育地における盗掘の防止
5. 普及啓発の推進（関係行政機関や礼文島の住民の理解と協力。地域の自主的な保護活動の展開が図られるよう努める。）
6. 効果的な事業の推進のための連携の確保（国，北海道，礼文町の各行政機関，生態等に関する研究者，地元住民などの連携。）

この計画がつくられて約20年が経ったわけだが，こうして改めてみなおしてみると，この計画でほぼ論点は網羅されているように思う。計画は適切なものだったといえるだろう。またこの計画のなかで指摘された「必要とされる知見」もこの20年ほどの間に確実に増加した。ただレブンアツモリソウ野外個体群のうち最も大きな鉄府群生地での個体数はこの間，減少傾向にあることが明らかになっている。このため20年前に比べてレブンアツモリソウ周辺の自生環境が改善されたとはいえず，むしろ懸念が増大しつつある。

このような現状も受けて，上述した事業計画において何が問題だったのか今後何が課題なの

かについて私なりに思う点を以下に述べる。

保護増殖事業計画の課題

(1) 生育環境の維持・改善に消極的だった

これはやむをえない点でもあるが，最初の段階ではレブンアツモリソウの生態学的な特性把握や，種子発芽・栽培技術の開発に重点がおかれ，生育環境の改善にまで手が回らなかった。あるいは，計画立案当時の生育環境はそれほど悪くなかったが，徐々に悪化する環境に対して，対応が後手に回ったともいえる。

(2) 調査研究による野外個体群へのインパクト

当初は「レブンアツモリソウ調査ルール"礼文島アツモリルール"」といった合意を研究者間で確認して現地調査にあたった。しかしながらより詳細な調査研究成果を得ることに腐心するあまり，"アツモリルール"は研究者間で話題になることはなくなってしまった。"ルール"で当初掲げられた「有花個体はもちろん無花個体・幼苗を踏みつけないよう細心の注意をはらう」ことを完璧に履行することができただろうか。また「調査区周辺の植生保護のため，持ち運びできる調査用作業台等の開発を進める」は結局実現できなかった。これらは多かれ少なかれ野外研究者が直面する問題で，正確でできるだけ多くのデータを得ようとすると，現地の自然にある程度のインパクトを与えざるをえない。「研究者は研究対象の保全よりも論文作成の方に熱心である」という批判には真摯に答えねばならない，と改めて思う。

(3) 事業推進のための連携の確保

縦割り社会の日本では，どのような局面でもこれが一番の難題である。礼文町，礼文町の住民，地域の自然保護団体，研究者，林野庁，環境省の間の横の連携が速やかにかつ良好におこなわれたかと問われれば，改善すべき点が多々あったと反省するしかない。そもそも国の行政機関の担当者は1，2年で交代するため，関連機関同士の良好な関係をその都度構築し，維持

し続けることはなかなか難しい。特に「地域の自主的な保護活動の展開」という目標に及ばなかった点は大いに反省しなければならない。

今後は環境省(2011)の考え方を参考にしながら，過去の分布地の復元にまで取り組む余力が地元にあるのかどうか，共生培養法で増殖させた株の野生復帰により遺伝的多様性を損なわないかどうかなど，礼文町民を含めた関係者の合意形成を進めながら，自然生態系のなかでレブンアツモリソウ個体群が長期的に存続できるための環境づくりをおこなっていかなければならない。

引用文献

環境庁・農林水産省. 1996. レブンアツモリソウ保護増殖事業計画.

環境省. 2011. 絶滅のおそれのある野外動植物種の野生復帰に関する基本的な考え方.

北海道環境科学研究センター・北海道東海大学. 2003. 特集 希少植物保全調査マニュアル. 北海道環境科学研究センターニュース, 19：1-4.

Izawa, T., Kawahara, T. and Takahashi, H. 2007. Genetic diversity of an endangered plant. *Cypripedium macranthos* var. *rebunense* (Orchidaceae): vackground genetic research for future conservation. Conserv. Genet., 8: 1369-1376.

河原孝行. 2009. レブンアツモリソウは今…. Faura, 24：22-25.

Kosaka, N., Kawahara, T. and Takahashi, H. 2014. Vegetation factors influencing the establishment and growth of the endangered Japanese orchid, *Cypripedium macranthos* var. *rebunense*. Ecol. Res., 29: 1003-1023.

Shimura, H., Sadamoto, M., Matsuura, M., Kawahara, T., Naito, S. and Koda, Y. 2009. Characterization of mycorrhizal fungi isolated from the threatened *Cypripedium macranthos* in a northern island of Japan: two phylogenetically distinct fungi associated with the orchid. Mycorrhiza, 19: 525-534.

庄司康・八巻一成・愛甲哲也. 2008. 絶滅危惧種の保全に対する利害関係者の認識の違い――礼文島のレブンアツモリソウをめぐって――. 日本地域政策研究, 6：97-104.

Sugiura, N. and Takahashi, H. 2015. Comparative pollination biology in two sympatric varieties of *Cypripedium macranthos* (Orchidaceae) on Rebun Island, Hokkaido, Japan. Pl. Sp. Biol., 30: 225-230.

高橋英樹. 2009. 北海道産ラン科アツモリソウ属植物の分類と保全. 植物地理・分類研究, 57：61-68.

第11章 北大植物園ラン科コレクションの過去・現在・未来

永谷 工

　北大植物園（正式名称は北海道大学北方生物圏フィールド科学センター植物園）は明治19 (1886)年に開園し，今年でちょうど130年となる。北海道で最も古い植物園であり，日本国内でも東京大学小石川植物園に次いで2番目に長い歴史を誇る。北大植物園はこれまで数多くの植物を育ててきたが，ラン科植物はそのなかでも重要なコレクションのひとつである。本園におけるラン育成はふたつの道をたどってきた。ひとつは熱帯のラン，いわゆる洋ランを温室内で育成することであり，もうひとつは地元北海道を含む北方・寒冷地のランを屋外で育成することである。それでは本園におけるそれぞれの

ラン栽培の歴史を簡単に紹介したい。

温室における洋ラン栽培の歴史

　温室における洋ラン栽培の歴史を紐解くにあたっては，北大植物園の温室の歴史を確認しておく必要がある。初代温室は明治9年に開拓使のお雇い外国人ルイス・ベーマーが現在の札幌時計台付近に建設した木造温室であった。これが現在の植物園温室の場所に移築されたのが明治19年である。この温室ではダリア，パンジー，シクラメンなど海外の花卉を栽培していたが洋ランを栽培した記録はない。

　北大植物園における洋ラン栽培は，ベーマー

表1　北大植物園におけるラン栽培の歴史年表

年	事　項
1876（明治 9）	開拓使が初代温室を建築。設計者はルイス・ベーマー（アメリカ人），場所は現在の中央区北4条西1丁目。
1878（明治11）	温室が札幌農学校へ移管される。温室一般公開開始。
1886（明治19）	植物園開園。ベーマー温室が植物園内に移築される。
1903（明治36）	木造温室増設。この頃洋ラン栽培開始。
1917（大正 6）	内村鑑三より南米産ランの寄贈を受ける。
1920（大正 9）	暖房が煙管式から温水式に改造。
1932（昭和 7）	2代目温室完成。慮貞吉コレクション購入。
1933（昭和 8）	2代目温室一般公開開始（4月1日より）。
1936（昭和11）	ロックガーデン造成（完成1938年）。
1945（昭和20）	終戦　この頃燃料不足により大量のランが枯死。
1964（昭和39）	温室暖房の燃料を石炭から重油に切り替え。
1972（昭和47）	坂本直行よりネパール産ランの寄贈を受ける。
1976（昭和51）	温室暖房を熱交換機に切り替え。
1980（昭和55）	この頃北海道自生の地生ランを系統的に収集開始。
1982（昭和57）	3代目温室完成（現在の温室）。ラン室は非公開。
1987（昭和62）	斎藤弘（サンパウロ在住）より南米のラン約100種の寄贈を受ける。
2000（平成12）	ラン室一般公開開始。レブンアツモリソウ共生発芽共同研究開始。
2004（平成16）	赤平市の「ランフェスタ赤平2004」で本園洋ラン特別展示。
2005（平成17）	チョウセンキバナアツモリソウ保全開始。
2006（平成18）	レブンアツモリソウ共生発芽株が初めて開花。本園開催の絶滅危惧植物展で公開。
2010（平成22）	キリンビアパーク千歳より南米，東南アジア産原種ランの寄贈を受ける。
2012（平成24）	茨城県自然博物館で本園アツモリソウ類特別展示。環境省よりチョウセンキバナアツモリソウの保全依頼を受ける。

図1 初代温室（北大植物園収蔵） 奥（左）がベーマー温室。手前（右）が増設した温室で，ラン科植物を含めた熱帯性植物を栽培した。

図2 木造温室で育成された洋ラン，パフィオペディルム・インシグネ
（北大植物園収蔵）

温室に増築される形で24坪の木造温室(図1)が建てられた明治36年に始まるとされる。この温室でパフィオペディルム，デンドロビウム，カトレアなどが栽培されていた(図2)。本園の主要目的のひとつに，植物学を学ぶ学生ができるだけ多様な植物に触れる機会を増やすということがあり，その一環として北海道では育たない温暖な土地の植物を栽培できる温室が必要とされた。しかしベーマー温室の暖房能力はそれほど高くなかったため，温帯の植物は育成可能でも熱帯の植物を育成するのが困難であった。明治36年に増築された木造温室は熱帯原産の植物育成に使用できる十分な暖房能力を備えていたため，それまで収集していなかった熱帯産植物を集めるようになったと推測できる。おそらくラン科植物もそれらの一部として導入されたのであろう。

　さらに本園の目的のひとつとして，北海道という日本人にとって未体験の寒冷地において，どのような植物栽培が可能かテストするということがあり，ランの栽培もその一環であったといえよう。本園での洋ラン栽培を通じて，それまで不可能もしくは極めて困難とされていた北海道における熱帯性ランの栽培が可能であることが示された。本園のランは北海道におけるラン栽培を推進するきっかけとなった。大正11(1922)年に書かれた『北海道帝国大学農学部付属植物園及び博物館』によると温室は「冬季積雪中来館者多し」とある。多くの洋ランが開花する冬に，本園の木造温室を訪れた市民が初めて洋ランをみて，その美しさに驚き，北海道での洋ラン栽培の引き金になったと想像できる。

　木造温室では業者から購入した原種や植物園で交配した交配種，大正6年に内村鑑三が中南米から持ち帰ったレリアも栽培されていたそうである。

　昭和7(1932)年，北大植物園の洋ラン栽培にとって大きな転機が訪れた。日本有数の財閥である三菱財閥2代目当主である岩崎彌之助氏の二男岩崎俊彌氏は，ランの愛好家として日本のラン栽培史にその名を遺している。俊彌氏は旭硝子の創業者であり，その板ガラスを活かしたラン温室を所有し，数多くのラン科植物コレクションを栽培していた。昭和5年に俊彌氏が亡くなった後，それらは俊彌氏の義兄で，東京府立園芸学校の教諭としてラン栽培を指導し，日本で指折りのラン育成家として名を知られた盧貞吉氏に引き継がれたが，この温室の寄贈と洋ランコレクションの買取りが本園に打診されたのであった。打診を受けた伊藤誠哉園長は32属300種2万数千株にのぼるコレクションの買取りを即決し，大学が払えないなら自分が職を辞してでも購入するとさえ述べて大学側を説得したという逸話が残っている。

　昭和7年，東京渋谷から移築された盧氏の温室に新築の温室を加え，鉄骨製，約300坪の植物園2代目温室が完成した(図3，4)。温室の3棟がラン栽培と展示に使用され，翌年春から一般に公開された。この温室は当時としては東北以北で最大の温室であり，展示・栽培されていたラン科植物は日本有数のランコレクションで，「植物園の歴史に錦上一段の華を添う」と新聞で報道されるほどであった。

　北海道において熱帯性ランが栽培できることを証明し，日本有数のラン科コレクションを所蔵するにいたった本園であるが，洋ランの栽培が決して容易だったわけではなかったようである。施設面では積雪や氷柱による温室ガラスの破損，育成面では低温による過湿，逆に暖房による乾燥にも注意を要した。昭和39年までは暖房に石炭を使用していたのであるが，1年間に消費する石炭の量は坪あたり1トン近く必要であった。そして第二次世界大戦終了後の混乱期には燃料不足から多くのランが枯死してしまったのであった。このような激動の時代を経て，2代目温室は昭和56年まで使用された。

　昭和57年，老朽化した2代目温室は建替えられ，現在に至る(図5)。建て替えの際，ラン

図3 2代目の温室(北大植物園収蔵) 中央にみえる煙突は高さが100尺(約30 m)あり,ツタが絡みついていた。ツタが煙突の上端まで達するのに10年を要したという。

図4 2代目温室内部(カトレヤ室)(北大植物園収蔵)

図5　3代目（現）温室（北大植物園収蔵）　左の棟は完成当時，育成棟として非公開だった。ラン室は育成棟内の2室を使用している。

図6　赤平市で開催されたラン展「らんフェスタ赤平　2004」で特別展示された本園の原種洋ラン（北大植物園収蔵）

室は2室に縮小され，育成を目的とすることになり一般公開されなかった。しかし平成12 (2000)年から公開を開始した。

戦中・戦後の混乱期に慮氏のコレクションの多くが枯死したのは前に述べたとおりであるが，その後，研究者の採集や寄贈などにより新たなコレクションの充実が図られてきた。寄贈されたものには，画家としても有名な坂本直行氏や北海道からブラジルへ移民した斎藤弘氏からのものが含まれている。また，千歳市にあるキリンビアパークの温室が閉館する際にも一部譲渡を受けた。その結果，慮氏のコレクションに種数こそ及ばないが，属の数は増え，現在では60属を越えている。平成16年にはラン栽培で有名な赤平市のラン展で特別展示をおこなった(図6)。

地生ラン栽培の歴史

次に温室で栽培される洋ランとともに本園のラン科植物コレクションを構成する「地生ラン」の栽培の歴史について紹介する。北海道自生のランを含む寒冷地の地生ランも熱帯原産の洋ランと同様にラン科に属する植物である。しかし温室で栽培される洋ランに対し，屋外で栽培される「地生ラン」は，山野草や高山植物と一緒に管理されることが多く，「ラン科」というくくりではなく，むしろ高山植物の一部とみなされていた。本園でも高山植物同様に自生地から採集し，園内(露地)で育成するという形をとっており，明治末期にはアツモリソウ類やハクサンチドリ，大正期にはネジバナ，サイハイラン，トキソウなどを栽培した記録が残されている。昭和11年から造成されたロックガーデンにはアツモリソウが植えられていたそうである。本園の初代園長宮部金吾がユウシュンランを命名し，レブンアツモリソウを新変種記載するなど，本園で活躍した研究者は古くから北海道の地生ランを研究していたという歴史があるので，これら地生ランはその一環として集めら

れた可能性はある。しかし，地生ランを系統的に集め，育成を試みたという記録は今のところみつかっていない。

昭和も終わりに近い50年代半ば，北海道の自生ランを体系的に集め，育成しようという取り組みが始まった。屋外で管理されている地生ランを，温室の洋ランコレクションと連続したラン科植物という枠組みでとらえ，コレクションの充実が図られたのである。以後数年間をかけて地生ランの採集がおこなわれ，コケイラン，アオチドリなどが集められた。

21世紀を迎えるころ，本園の地生ランの栽培の在り方に大きな変化が生じた。従来は自生地から採集しそれを育成することが通常であったが，絶滅危惧種の急増，とりわけ国内の地生ラン植物の多くが絶滅危惧種に指定されるようになったため，これら指定種の増殖や，生育地外保全という役割が植物園に求められるようになってきたのである。このような時代の流れの中で本園では平成12年から北大農学部とレブンアツモリソウの共生発芽の研究をおこなうようになり(図7)，絶滅危惧の地生ランの保全と増殖に力をいれている。また，国内ではレブンアツモリソウ以上に自生地が危機的状況にあるといわれるチョウセンキバナアツモリソウの育成を試み，現在では多数の株が開花するにいたっている(図8)。その実績を評価され，平成24年に環境省からチョウセンキバナアツモリソウの保全を依頼された。現在，本園は日本自生の地生ラン約50種を保有し，なかでもアツモリソウ属は日本自生種全8種のうち7種を育成している。また，地生ランの危機的状況を一般にも広く知ってもらうため，展示公開も積極的におこなっている。レブンアツモリソウは人工発芽株が平成16年に初開花して以来，花の時期に合わせて公開展示(図9)している他，平成24年には茨城県自然博物館で本園のアツモリソウ類が特別展示された(図10)。

図7 レブンアツモリソウの共生発芽株(北大植物園収蔵)

116 第Ⅲ部 ランの保全とその取り組み

図8 本園で育成したチョウセンキバナアツモリソウ（北大植物園収蔵）

図9 本園でのレブンアツモリソウの展示風景(北大植物園収蔵)

図10 2012年に茨城県自然博物館特別展で特別展示された本園のアツモリソウ類(北大植物園収蔵)

北大植物園のランの未来

　ここまで本園におけるラン科植物栽培の過去と現在を駆け足で紹介してきた。最後に未来像について考えていきたい。

　道内各地でラン展が定期的に開かれ，多くの人々が栽培を楽しむようになった現在，本園におけるラン栽培の目的のひとつであった，北海道における洋ラン栽培の試みは達成したといえるであろう。一方，植物を学ぶうえで必要な多様な植物を栽培するという本園の目的は，今でも重要であり，その一環としてのラン科植物栽培は，今後も引き続きおこなっていく必要がある。

　さらに，現在最も重要とされる植物園の活動のひとつは，絶滅危惧植物の保全である。前述したように野生のラン科植物には多くの絶滅危惧種が含まれ，その保全は喫緊の課題であり，本園でもすでにアツモリソウ類などの保全・増殖活動を開始している。

　日本には数多くの植物園があるが，多くは関東より南に位置し，温度を下げることのできる大規模な施設を使用しない限り，北方・高山地域のラン科植物を育成するのは極めて困難である。本園は日本で最も北に位置する植物園のひとつであり，夏涼しく，冬は寒さが厳しいという気候が特徴であり，その気候は，北方や高山の冷涼な気候を好むラン科植物を育成するのにたいへん適している。そのため本園は日本植物園協会からも植物種多様性保全拠点園のラン科植物拠点園として指名されており，その使命を果たすことが重要である。

　それでは熱帯産の洋ランについてはどうだろうか。熱帯のラン科植物のなかにも雲霧林といわれる高い山の中腹には，涼しい気候を好む種類が存在し，これらは本州の夏の猛暑や熱帯夜には耐えることができない。このような暑さに弱い熱帯原産のラン科植物を育成する場合も夏季が冷涼な本園の環境は大いに有用だと考えられる。

　冷涼な気候を好むラン科植物，そのなかでも絶滅の恐れがある種を中心に保全・研究を続けることが21世紀における本園の役割ではないだろうか。

参考文献

蛯名賢造（編）．1980．花とともに80年　回想の石田文三郎・清子．私家版．

福士貞吉．1953．札幌の植物園（北海道大学農学部付属植物園）．北海道緑園会，札幌．

簾内惠子．1987．導入植物について―H. SAITO COLLECTION．北海道大学農学部付属植物園年報，1987：7-10．

簾内惠子．2004．植物園と博物館の沿革（明治期）とその資料．北大植物園収蔵資料．

北海道大学厚生組合．1953．北大植物園．山藤印刷会社，札幌．

北海道大学農学部付属植物園温室銘板．1982年．本園展示資料（温室）

北海道大学図書刊行会．1976．札幌の植物園（北海道大学農学部付属植物園）．

北海道帝国大学．1922．北海道帝国大学農学部付属植物園及び博物館．

北海タイムス．1932．1932年4月22日版．

北海タイムス．1933．1933年3月31日版．

石田文三郎．1956．花とともに40年．川崎書店新社，札幌．

伊藤誠哉．1932．蘭購入理由書．北大植物園収蔵資料．

仮谷洋人．1985．北海道のラン科植物について．北大植物園収蔵資料．

仮谷洋人．1985．地生ラン収集．北大植物園収蔵資料．

金田一直治．1881．本草培殖畧誌．北大植物園収蔵資料．

永谷工．2006．レブンアツモリソウ人工発芽株の開花．北大植物園技術報告・年次報告，6：2-5．

永谷工．2012．チョウセンキバナアツモリソウの栽培委託管理．北大植物園技術報告・年次報告，12：20-23．

東北帝國大學農科大學．1910．農場　演習林　植物園一覧．

東北帝國大學農科大學．1918頃．東北帝国大学農科大学植物園案内．札幌．

辻井達一．1966．植物園―その現在と将来．北海道自然保護協会誌，1：17-21．

辻ナオミ．2000．岩崎俊彌の生涯と蘭の遺産．よみうりカラームック蘭の世界2000：74-81．読売新聞社，東京．

芳野兵作（編）．1899．札幌農學校（増補第三版）．札幌農學校學藝會，東京．

Botanic Garden of Sapporo. 1925. List of Seeds for Exchange. Botanic Garden of Sapporo 1904-1925. 北大植物園収蔵資料．

蘭科植物受入簿．1934．北大植物園収蔵資料

List of Seeds for Exchange. Botanic Garden of Sapporo 1926-1935. 1935. 北大植物園収蔵資料．

事項索引

[あ行]

旭硝子　　112
アーバスキュラー菌根　　85
アポミクシス　　15
アレロケミカル　　64
伊藤誠哉　　112
入口(穴)　　77
岩崎俊彌　　112
内村鑑三　　112
雲霧林　　118
越夜場所　　60
円錐花序　　3
雄バチ　　57
折り返し　　78

[か行]

塊根　　3
外生菌根　　85
開拓使　　109
攪乱　　84
花香　　58
花香成分　　60
花色　　58,76
花粉塊　　4,7,52,55
花粉花蜜源植物　　83
花粉粘液　　74
花粉媒介者　　55,74
花粉量　　82
花蜜　　60,61
仮雄蕊　　4
偽花粉　　17
偽球茎　　3
偽交尾　　65
偽交尾現象　　17,19,53
偽交尾受粉　　15
蟻酸　　80
球茎　　3
距　　61
共生　　62
偽鱗茎　　3
菌根　　3,20,35,51,53,85,107
菌根共生系　　85
菌根菌　　21,53,85
菌従属栄養植物　　86
毛　　79
口吻　　61
黄龍渓谷　　24,27,29,32,33,34,36

国内希少野生動植物種　　102,106

個体数　　75
根茎　　3

[さ行]

採餌経験　　63,76
蒴果　　4
札幌農学校　　109
自家受粉　　68
子房下位　　4
収斂進化　　95
種の保存法　　101,105,106
種分化　　62
小嘴体　　4
情報化学物質　　64
女王バチ　　74
植生遷移　　84
植物種多様性保全拠点園　　118
新規花香成分　　66
心皮　　4
唇弁　　4,17,18,19,52,55,77
穂状花序　　3
蕊柱　　4,55
生育地外保全　　114
性的擬態　　65
性的だまし　　65
正の走光性　　79
性フェロモン　　17
石炭　　112
絶対共生菌　　87
絶滅危惧種　　114
前適応　　66
総状花序　　3
草地　　83
側膜胎座　　4

[た行]

体サイズ　　75
だまし受粉　　63,76
地生種　　14
地生ラン　　4,114
地中(生)ラン　　4,20
着生種　　14
着生ラン　　4
中軸胎座　　4
柱頭　　77
ツツジ型菌根　　85
出口(穴)　　77

鉄府保護区　　73
盗蜜　　62
独立栄養　　93
トラバーチン　　24,27,33,34,35

[な行]

内生菌根　　85
稔実率　　64,81
稔性種子数　　82
野火　　20

[は行]

胚　　4
バイオフィリア　　68
胚珠　　4,51
胚乳　　4
花(の)擬態　　15,16,63,77
微粉種子　　51,52,53
フェロモン　　64
腐生菌　　86
負の重力走性　　79
部分的菌従属栄養　　93
プロトコーム　　21
分類群　　57
ペロトン　　85
変動　　81
訪花　　82
訪花行動　　75
訪花頻度　　75
報酬　　59
報酬花　　68

保護増殖事業計画　　101,102,105,108
保全管理　　83
北海道大学北方生物圏フィールド科学センター植物園　　109

[ま行]

窓　　79
宮部金吾　　114
無限花序　　3
無報酬花　　68
雌バチ　　57
毛茸／偽花粉　　60

[や行]

葯　　77
幼若期菌従属栄養　　95

[ら行]

ラン型菌共生　　87
ラン型菌根　　85
鱗翅目媒花　　61
ルイス・ベーマー　　109
礼文島　　73
盧貞吉　　112

[わ行]

ワックス状／ヤニ状分泌物　　60

[G]

generalized food deception(GFD)　　63

和名索引

[ア行]

アオチドリ　32,34,42
アケボノシュスラン　42
アサヒエビネ　101,102
アツモリソウ　43,44,48,102,103
アツモリソウ(広義)　42
アリドオシラン　42
アンズタケ目　88
イエローカウスリップ・オーキッド　13
イチヤクソウ　86
イチヨウラン　42
イモネヤガラ　95
イリオモテトンボソウ　102
ウズラバハクサンチドリ　46
ウンナンキバナアツモリソウ　24,33,36,38
エゾアカヤマアリ　80
エゾオオマルハナバチ(オオマル)　74
エゾサカネラン　42
エゾスズラン　42
エゾチドリ　42
エゾヒメマルハナバチ(ヒメマル)　74
エルボー・オーキッド　18
オオキソチドリ　42
オオヤマサギソウ　42
オキナワセッコク　101,102
オニノヤガラ　9,42,95

[カ行]

カマキリ・オーキッド　13
カンラン　9
キジカクシ目　87
キバナノアツモリソウ　42
ギンラン　42
クシロチドリ　34,38
クニガミトンボソウ　102
クモキリソウ　42
ケラトバシディウム科　88
コアニチドリ　42
コイチヨウラン　42
コケイラン　42
コゴメキノエラン　101,102
コフタバラン　42
コマチグモの1種　80

[サ行]

サイハイラン　42
サカネラン属　95

サガミラン　89
ササバギンラン　42
サワラン　42
シマホザキラン　102
シュンラン　9,89
シュンラン属　89
シロウマチドリ　42
シロバナハクサンチドリ　47
スパイダー・オーキッド　11,12
セッコク　9
双翅目　55

[タ行]

タカオオオスズムシラン　102
タカネサギソウ　42
タカネトンボ　42
タカネフタバラン　42
タシロラン　95
チシマサカネラン　32,38,42,44,45
チベットアツモリソウ　24,25,33,35,36,38
チョウセンキバナアツモリソウ　32,34,38,102,103,
　114
ツチアケビ　95
ツラスネラ科　88
テガタチドリ　32,34,42
テングハマキ　80
トキソウ　42
トラキチラン　32,39
トラマルハナバチ(トラマル)　74

[ナ行]

ナギラン　89
ナヨタケ科　95
ナラタケ属　95
ニセハイイロマルハナバチ(ニセハイ)　74
ネジバナ　42,44
ネムロシオガマ　76
ノビネチドリ　42,43
ノヤマトンボ　34

[ハ行]

ハクサンチドリ　42
ハナバチ　57
バニラ　9
ヒメホテイラン　32,36
ヒメミズトンボ　42
ヒメミヤマウズラ　32,35,39,42
ヒメムヨウラン　32,42

ヒロハトンボソウ　　32,42
ブルー・オーキッド　　11
ヘツカラン　　89
ホザキイチヨウラン　　24,32,38,42
ホシツルラン　　102
ホソバノキソチドリ　　42
ホテイアツモリソウ　　102

[マ行]

膜翅目　　57
マヤラン　　89
ミズチドリ　　42
ミソボシラン　　102
ミヤマウズラ　　42
ミヤマフタバラン　　42

ミヤマモジズリ　　42
モイワラン　　95

[ヤ行]

ヤガ　　80
ヤクシマラン亜科　　87
ヤチラン　　42

[ラ行]

リーキ・オーキッド　　14
陸産貝類　　79
鱗翅目　　55
レブンアツモリソウ　　52,102,105,106,114
ロウタケ科　　89

学名索引

[A]

Amitostigma faberi　32,33
Amitostigma kinoshitae　42
Amitostigma monanthum　33
Apostasioideae　5,6

[C]

Caladenia barbarossa　15,17
Caladenia bryceana　14
Caladenia excelsa　14
Caladenia falcata　13
Caladenia flava　11,13
Caladenia williamsiae　11
Calanthe hattorii　102
Calanthe triplicata　102
Calochilus caesius　15
Calypso bulbosa　33,36
Cephalanthera erecta　42
Cephalanthera longibracteata　42
Coeloglossum viride　33
Corallorhiza trifida　5,33,38
Corallorrhiza trifida　42
Cremastra appendiculata　42
Cryptostylis taiwaniana　102
Cyanicula gemmata　20
Cymbidium canaliculatum　15
Cymbidium goeringii　9
Cymbidium kanran　9
Cypripedioideae　5,7
Cypripedium　6
Cypripedium bardolphianum　24,26,33
Cypripedium calcicola　33,34,38
Cypripedium flavum　24,33
Cypripedium guttatum　32,33,102
Cypripedium henryi　29
Cypripedium macranthos　42
Cypripedium macranthos var. *macranthos*　102
Cypripedium macranthos var. *rebunense*　102
Cypripedium macranthos var. *speciosum*　102
Cypripedium plectrochilum　29
Cypripedium sichuanense　27
Cypripedium tibeticum　24,25,33
Cypripedium yatabeanum　42

[D]

Dactylorhiza aristata　7,42
Dactylorhiza viridis　42

[E]

Dactylostalix ringens　42
Dendrobium dicuphum　14
Dendrobium moniliforme　9
Dendrobium okinawense　102
Dendrobium phalenopsis　7
Didiciea cunninghamii　32,33
Didymoplexis pallens　14
Disa bracteata　11
Disa uniflora　11

[E]

Eleorchis japonica　42
Ephippianthus schmidtii　42
Epidendroideae　5,8
Epipactis helleborine　34
Epipactis helleborine var. *tangutica*　32,33
Epipactis papillosa　42
Epipogium aphyllum　33,39
Eriochilus dilatatus　15
Eulophia bicallosa　14

[G]

Galearis diantha　24,33
Galearis huanglongensis　32,33
Galearis roborowskii　33,34
Galearis spathulata　33
Gastrodia elata　9,42
Gastrodia sesamoides　17
Goodyera foliosa var. *maximowicziana*　42
Goodyera repens　33,42
Goodyera schlechtendaliana　42
Goodyera wolongensis　33,34
Gymnadenia conopsea　33,34,42

[H]

Habenaria linearifolia var. *brachycentra*　42
Herminium monorchis　34
Herminium ophioglossoides　33

[L]

Limnorchis chorisiana　42
Limnorchis convallariifolia　42
Liparis kumokiri　42
Liparis viridiflora　102
Listera biflora　33
Listera cordata　42
Listera nipponica　42
Listera puberula var. *maculata*　33

Listera smithii 33
Listera yatabei 42

[M]

Malaxis boninensis 102
Malaxis monophyllos 24,33,42
Malaxis paludosa 42
Myrmechis japonica 42

[N]

Neolindleya camtschatica 42
Neottia acuminata 33
Neottia asiatica 42
Neottia listeroides 33,38
Neottia nidus-avis 42
Neottianthe cucullata 42
Neottianthe monophylla 29,33,34
Nervilia holochila 14

[O]

Orchidoideae 5,8
Oreorchis nana 33,38
Oreorchis oligantha 33,38
Oreorchis patens 42
Orthrosanthus laxus 17

[P]

Paphiopedilum 6
Phaius delavayi 24,33,39
Platantera hologlottis 42
Platanthera fuscescens 33
Platanthera maximowicziana 42
Platanthera metabifolia 42
Platanthera minor 34

Platanthera minutiflora 33,39
Platanthera ophrydioides 42
Platanthera sachalinensis 42
Platanthera sonoharae 102
Platanthera stenoglossa subsp. *iriomotensis* 102
Platanthera tipuloides 42
Pogonia japonica 42
Ponerorchis chusua 24,33
Praecoxanthus aphyllus 14
Prasophyllum fimbria 15
Prasophyllum regium 14
Pterostylis rogersii 14

[R]

Rhizanthella gardneri 11,20,21

[S]

Spiculaea ciliata 18
Spiranthes sinensis var. *amoena* 42

[T]

Thelymitra apiculata 17
Thelymitra crinita 11
Thelymitra fuscolutea 14
Tipularia szechuanica 33
Tulotis fuscescens 42

[V]

Vanilla planifolia 9
Vanilloideae 5,7
Vrydagzynea nuda 102

[Z]

Zeuxine oblonga 11

高橋　英樹（たかはし　ひでき）
北海道大学総合博物館・教授　理学博士（東北大学）

杉浦　直人（すぎうら　なおと）
熊本大学大学院先端科学研究部・准教授　博士（農学）（神戸大学）

永谷　工（ながたに　こう）
北海道大学北方生物圏フィールド科学センター　植物園技術専門職員

遊川　知久（ゆかわ　ともひさ）
国立科学博物館筑波実験植物園　博士（理学）（千葉大学）

アンドリュー・ブラウン（Andrew Brown）
西オーストラリア州環境保全省危機フロラ調整官，西オーストラリア州標本庫ハマジンチョウ科・ラン科名誉管理官

キングスレイ・ディクソン（Kingsley Dixon）
西オーストラリア州パースキングス・パーク＆植物園・カーティン教授

リ・ドン（Li Dong：立　董）
四川省松藩県黄龍渓谷瑟尔磋寨黄龍管理局

イボ・ルオ（Yibo Luo：毅波　罗）
中国科学アカデミー植物学研究所植物系統学・進化学国家重点实验室

ホルガー・ペルナー（Holger Perner）
四川省松藩県黄龍渓谷瑟尔磋寨黄龍管理局

ランの王国

発　行
2016 年 8 月 25 日　第 1 刷

編著者
高橋英樹 ©

発行者
櫻井義秀

発行所
北海道大学出版会
札幌市北区北 9 条西 8 丁目 北海道大学構内（〒060-0809）
Tel.011(747)2308/Fax.011(736)8605・振替 02730-1-17011
http://www.hup.gr.jp/

図書設計
伊藤公一

印刷・製本
株式会社アイワード

ISBN978-4-8329-1404-9

須崎忠助植物画集「大雪山植物其他」	須崎忠助 画／加藤 克／高橋英樹／中村 剛／早川 尚 解説	B5・112頁 価格2500円
新 北 海 道 の 花	梅沢 俊著	四六変・464頁 価格2800円
北海道のシダ入門図鑑	梅沢 俊著	B5・148頁 価格3400円
北 海 道 の 湿 原 と 植 物	辻井達一／橘ヒサ子 編著	四六・266頁 価格2800円
写 真 集 北 海 道 の 湿 原	辻井 達一／岡田 操 著	B4変・252頁 価格18000円
北 海 道 外 来 植 物 便 覧 ―2015年版―	五十嵐 博著	B5・216頁 価格4800円
植 物 生 活 史 図 鑑 Ⅰ 春の植物No.1	河野昭一監修	A4・122頁 価格3000円
植 物 生 活 史 図 鑑 Ⅱ 春の植物No.2	河野昭一監修	A4・120頁 価格3000円
植 物 生 活 史 図 鑑 Ⅲ 夏の植物No.1	河野昭一監修	A4・124頁 価格3000円
日本産花粉図鑑[増補・第2版]	藤木 利之／三好 教夫／木村 裕子 著	B5・1016頁 価格18000円
湿 地 の 博 物 誌	高田 雅之／辻井 達一／岡田 操 著	A5・352頁 価格3400円
札 幌 の 植 物 ―目録と分布表―	原 松次編著	B5・170頁 価格3800円
北 海 道 高 山 植 生 誌	佐藤 謙著	B5・708頁 価格20000円
サロベツ湿原と稚咲内砂丘林帯湖沼群―その構造と変化	冨士田裕子編著	B5・272頁 価格4200円
千 島 列 島 の 植 物	高橋 英樹著	B5・602頁 価格12500円
雑 草 の 自 然 史 ―たくましさの生態学―	山口裕文編著	A5・248頁 価格3000円
帰 化 植 物 の 自 然 史 ―侵略と攪乱の生態学―	森田竜義編著	A5・304頁 価格3000円
攪 乱 と 遷 移 の 自 然 史 ―「空き地」の植物生態学―	重定南奈子／露崎 史朗 編著	A5・270頁 価格3000円
植 物 地 理 の 自 然 史 ―進化のダイナミクスにアプローチする―	植田邦彦編著	A5・216頁 価格2600円
植 物 の 自 然 史 ―多様性の進化学―	岡田 博／植田邦彦／角野康郎 編著	A5・280頁 価格3000円
高 山 植 物 の 自 然 史 ―お花畑の生態学―	工藤 岳編著	A5・238頁 価格3000円
花 の 自 然 史 ―美しさの進化学―	大原 雅編著	A5・278頁 価格3000円
森 の 自 然 史 ―複雑系の生態学―	菊沢喜八郎／甲山 隆司 編	A5・250頁 価格3000円

北海道大学出版会

価格は税別

オクシリエビネ *Calanthe puberula* var. *okushirensis* / 船迫吉江・画